海南省2018年哲学社会科学规划课题："基于海南黎族地域文化特性的民宿设计研究"
［项目编号：HNSK（YB）18-44］
海南省特色重点学科设计学（2021～2025）资助项目
教育部国家级一流本科专业环境设计专业建设点资助项目
海南省国际设计岛创新设计研究基地资助项目
海南国际设计岛城市环境设计智库联盟资助项目
教育部全国普通高校中华优秀传统文化海南师范大学传承基地资助项目

U0162691

海南黎族文化民宿
在地性设计与发展研究

王沫　著

中国纺织出版社有限公司

内 容 提 要

黎族文化历史悠久，其民居建筑作为黎族文化的重要组成部分，彰显了黎族人民从事农业劳作、手工艺活动等生活习性和精神内涵。本书以海南地区的环境及人文特征为出发点，结合海南发展建设新机遇，提出海南黎族地域性民宿设计理念，在宏观原则的把控下深入探讨总体设计计划、文化资源运用、空间特色表达、建筑外观呈现等方面，提出适合的设计思路，探讨新时代下黎族民居建筑如何发展与继承的问题。

图书在版编目（CIP）数据

海南黎族文化民宿在地性设计与发展研究 / 王沫著
. — 北京：中国纺织出版社有限公司，2023.7
    ISBN 978-7-5229-0386-6

    Ⅰ.①海…　Ⅱ.①王…　Ⅲ.①旅馆-建筑设计-研究
-海南　Ⅳ.① TU247.4

    中国国家版本馆 CIP 数据核字（2023）第 040879 号

责任编辑：华长印　李淑敏　　责任校对：江思飞
责任印制：王艳丽

中国纺织出版社有限公司出版发行
地址：北京市朝阳区百子湾东里 A407 号楼　邮政编码：100124
销售电话：010—67004422　传真：010—87155801
http://www.c-textilep.com
中国纺织出版社天猫旗舰店
官方微博 http://weibo.com/2119887771
北京华联印刷有限公司印刷　各地新华书店经销
2023 年 7 月第 1 版第 1 次印刷
开本：710×1000　1/16　印张：17.5
字数：235 千字　定价：98.00 元

引言

随着国内人均生产总值的提升,旅游消费日渐成为人均消费支出的重要一项,住宿作为旅游交通、餐饮外的另一大消费领域,带来了相当可观的旅游收入,因此,各式各样的住宿模式应运而生,如价格相对低廉的青年旅社、特色客栈;价位适中的民宿、连锁酒店;价格较高的星级酒店等。其中,民宿和客栈是本书研究的重点,由于其经营者受到地方文化的影响,通常表现出较强的地域特色,尤其是海南地区的民宿和客栈在岛屿海洋气候的影响下表现出特点鲜明的环境及人文优势,独树一帜的外观样式和居住体验使海南当地的民宿彰显出不同于内陆地区的地域价值,比较有代表性的是海南本土少数民族——黎族。基于黎族传统文化的民宿设计在地方文化多元性特征的引导下具有浓厚的本土气息。本书以海南地区的环境及人文特征为出发点,以黎族传统文化为研究依据,结合海南发展建设新机遇,提出海南黎族地域性民宿设计理念,在宏观原则的把控下深入探讨总体规划、文化资源运用、空间特色表达、建筑外观呈现等,并提出适合的规划设计思路。

黎族独具特色的优秀传统文化、地域民居建筑,值得我们发扬光大,从而让全世界的人看到黎族这个神奇的民族。目前,海南正大力发展旅游业,同时也在推进国际旅游岛、海南自贸港的建设，我们可以以设计乡村民宿的形式传承黎族优秀文化，对黎族传统民居建筑与民俗文化进行考察研究，探讨在新时代下如何发展与继承黎族民居建筑的问题，为传播民居建筑文化的保护与开发提供有力的依据。

我国民宿的发展受到多方因素的影响，最为主要的就是我国快速增长的经济模式使得民宿风格和服务体验需要频繁的升级，这也是民宿行业面临的最大挑战之一；掣肘我国民宿发展的另一大原因在于当下以自家住宅中的空余房间作为民宿的数量居多，其余相关服务十分欠缺，产业链单一使只拥有土地使用权的民宿经营者难以长期维持民宿运营。再加上快速发展的社会经济推动各行各业商业化转型，民宿产品在这种风气的影响下逐步驱向私人酒店的性质，而国内尚缺乏行之有效的民宿管理办法，也未成立较为权威的评判机构来监督和管理民宿发展，民宿运营与酒店的规范化运营有一定差距。

目录

第一章

海南黎族的民族
文化特性

　　黎族世世代代繁衍生息在海南岛上，至今已有三千多年的历史，是海南岛的世居民族，其历史是中华民族悠久历史的组成部分。黎族活动范围主要集中在海南省中部的五指山、鹦哥岭一带，较早时期于沿海区域（如三亚、东方、琼海）也有分布。后逐渐形成了以地区为主的方言差异及服饰特点，具体有五大方言区，分别是哈黎、杞黎、润黎、赛黎、美孚黎。根据2020年第七次人口普查统计得知，全国黎族人口总数达1602104人❶。黎族时至今日仍延续了男耕女织的传统生产模式，其手工艺技艺"黎族织锦纺织"闻名遐迩。古代黎族没有自己的文字，其语言属汉藏语系壮侗语族黎语支，不同方言区存在一定的差异。

　　自古以来，海南岛的发展与黎族的发展有着密不可分的联系。在长期的历史发展过程中，黎族人民在生产、生活、文化活动等方面创造出丰富多彩而又独具特色的民族文化。黎族鲜明的民族特征与其所在的地域环境、原始宗教有着紧密的联系。

第一节　海南黎族的概况及历史

一、海南黎族的概况

　　"黎"这一名称，原来不是黎族的自称，而是在长期的历史演变过程中逐渐形成的他称，东汉时称为"里""蛮"，隋代则"俚""僚"并称，唐代也普遍沿袭这种称呼，但是这些名称大多是当时对我国南方一些少数民族的泛称，并不是专指黎族。直到唐末宋初，才逐渐转变为"黎"这一专称，后续各代相对固定，一直沿用至今。中华人民共和国成立以后，根据黎族人民的意愿，确称为

---

❶　数据来源：中华人民共和国国家统计局：《中国统计年鉴——2021》.

"黎族"。黎族一般都自称为"赛","赛"是黎族与汉族或其他民族交往时的统一自称。

海南黎族是一个文化共同群体,"黎族"只是一个统称,在其内部由于分布地域不同以及方言、习俗、服饰等差别而形成不同的支系,各支系之间也有着不同的称呼。海南岛的黎族共分成五大支系,也称五大方言区,分别是"哈""杞""润""赛"和"美孚"。①哈,过去称"侾"。使用哈方言的黎族人最多、分布最广,主要分布在乐东、陵水、昌江、白沙四个黎族自治县和三亚、东方两市;②杞,原作"岐",使用人口数量居第二,主要分布在保亭、琼中两个黎族苗族自治县及五指山市。③润,过去称"本地"黎,意思是"土著的黎族"。其自称为"赛","润"是其他方言的黎族对其的称呼。主要分布在白沙黎族自治县东部,鹦哥岭以北的广大地区;④美孚,"美孚"一词,是使用其他方言的黎族人,尤其是使用哈方言的黎族人对其称呼的汉语译音。使用美孚的黎族人主要分布在东方市和昌江黎族自治县的昌化江中下游一带;⑤赛,过去称"德透"黎,又称"加茂"黎,自称为"赛"。使用赛方言的人较少,主要分布在保亭黎族苗族自治县、陵水黎族自治县和三亚市交界的地区。

由于黎族没有自己的文字,我国学者根据文献记载、考古发掘以及语言学、文化特征等各方面材料,结合前人的研究成果,较为一致地认为黎族与我国南方汉藏语系壮侗语族的壮族、侗族、水族、傣族、布依族等有密切的渊源关系,是从我国古代南方的百越族发展而来。百越族所盛行的巢居(干栏式建筑)、断发文身、图腾崇拜等风俗习惯,皆被黎族人民长期的保存下来。据考证,黎族源于岭南地区的古百越,具体说是百越族中"骆越"的一支,"初步推断黎族的远古祖先大约在新石器时代中期或更早一些从两广大陆沿海地区(特别可能是从雷州半岛)陆续迁入海南岛,其年代相当于中原地区殷商之际,距今已有三千年以上的历史。"❶

---

❶ 《黎族简史》编写组. 黎族简史 [M]. 广东:广东人民出版社,1982:14.

中华人民共和国成立以来，对海南岛进行了大量的考古研究，海南出土的历史遗址最早可追溯至新石器时代，主要集中在三亚落笔洞区域。经过考古学、民族学等学科交叉论证，黎族先祖正是这些历史遗址的开发者。海南岛早期由本土人和黎族先祖共同开发，直至秦汉时期，中央王朝开始了对海南岛的统治，设置珠崖、儋耳两郡，两广一带的部分军队及少数流放人群陆续迁移至此，将大陆文明传递至此处，并与本土黎族先民杂居。随着海南岛与大陆关系的逐步紧密，"村人""苗族""回族"也陆续迁居至此，其文化与海南黎族的生产、生活模式产生交融，对黎族社会生产力的提高产生了一定的推动作用。

唐宋时期，海南岛与内陆的联系越发紧密，作为唐代海上贸易往来的必经之路，海南岛的政治和军事地位受到重视。其中，黎族聚居地区生产出的贵金属、玳瑁、珍珠等，既可作为上供朝廷的贡品，又可作为交易商品。在此过程中，海南黎族的封建经济得到了发展。时至宋末元初，著名纺织家黄道婆为逃离封建社会悲惨的童养媳命运而到达海南崖州，并在此居住长达四十余年。在这过程中，黄道婆向黎族的妇女学习了纺织技艺，晚年回到乌泥泾后，在黎族传统纺织技艺基础上融入自己的理解，改革创新出一套棉纺织工具和技术，为现代纺织工业的发展奠定了基础。元朝初期，封建统治者对海南岛的治理多用羁縻政策，设黎族统领者为"峒主"，可世袭"千户"，进一步拉开了黎族原始社会的阶级分化，社会矛盾及民族冲突在这一环境下不断演变为武力斗争，战争时有发生。明清时期，封建地主经济结构已经成为黎族社会中的主体经济结构，部分黎族聚居区的农产量已与汉族相差无几，已有槟榔、椰子、橡胶、牛只等大宗货物运往大陆，只有五指山深处腹地仍存在原始社会的共耕制生产模式。

二、海南黎族的历史

（一）海南岛的建设历程

在我国古代，人们称海南岛为"岭外"，因偏僻无人开拓也被视作"南服荒缴"，属于蛮荒之地。直至秦始皇统一六国后，封建社会的中央政权开始向岭南区域拓展，逐渐在广西、广东、海南设立郡县，海南岛仍属于"南海外境"。

隋朝以后，封建统治阶级中央集权的力度加大，故而推进对我国偏远地区的统一管理，于是自珠崖、儋耳两郡后，在海南岛额外设置了临振郡。增设的行政区域标志着我国古代对海南区域的划分更加细致，管理更加有针对性。隋朝对海南岛的管理也由地方政权间接领导改为中央政权直接领导，打破了自汉代以来的传统。海南岛的冼夫人在这一过程中起到了不可忽视的作用，她统领的多个属地的黎族峒主同她一起归顺朝廷，推进了黎族文化与汉族文明的交融，有着"抚慰诸俚僚""和辑百越"的卓越贡献。

唐代是中国古代历史上最繁华昌盛的时期之一，开元盛世的景况使王侯将相多致力于创造历史。因此，唐代中央政府直接委派人员到海南岛进行管理，并在海南岛设立州县，对过去历朝历代未曾踏足的区域也进行了安抚与收编，尤其是海南岛中南部海拔较高的山区腹地。

随后的五代十国，海南岛因归属问题被刘隐割据，仿照唐代管理各区域，部分县因各方面原因被废除，在行政面积上有所缩减。这种情况直至北宋年间有所转变，封建专制的北宋王朝对海南岛的管理较唐朝更甚，因此，对其区域内的行政区建设问题十分重视。

元朝的海南岛承袭了宋朝的管理方式，普遍在临海的地区设置行政中心，如海口、儋州、三亚等，这也是因为跨海的往来方式需要就近选择港口上岸。此时虽然延续了宋朝的管理方式，但也有缩减少量县制的情况出现。此外，元朝的封建统治势力同样也致力于深入海南腹地进行势力拓展，每到一处便设置新的行政区，如定安、会同即是此时设立的。元朝末年，中央对海南的管理改为由广西行省统领，新的管理方式和统治者对海南岛黎族先民接下来的区域建设起到了重要作用。据《平黎疏》记载："元立定安、会同二县，至今衣冠文物，称为名邑"。需要注意的是，黎族历史上反封建统治的战争大多发生在元朝时期，元朝不到百年的封建统治中，对黎族较大规模的征伐不下十次，无论是力度还是规模在以往的朝代中均十分罕见，地处偏远山区的黎峒全部在此范围内，未能幸免。

到了明朝年间，中央政府对海南又设置了新的区域划分，对海南岛的开拓起到了不可忽视的助力作用。明洪武期间，中央政府将海南岛的行政区管理问题由广西转至广东，这一举动将海南岛与我国现在的华南地区主要经济圈——珠三角地区紧密相连。一方面，海南省的行政级别升高，如琼州郡升级为府，成为海南省的行政中心，这对海南岛的统一管理颇有裨益，标志着海南岛区域内没有统一的政府机构管理岛民的时代正式结束，岛屿内的区域建设、资源整合以及岛屿经济贸易均在此背景下打开了新的局面，是海南岛历史上十分重要的改革大事之一；另一方面，也为后续管理者们在岛内设置行政区的管理方式提供借鉴，奠定了政府对海南岛居民直接帮扶的现实基础。

时至清朝，基于历朝历代管理者们对海南岛政权的不断稳定，清政府对海南岛的统治较为可观，行政区域设置上延续了明朝的管理方式，并在清政府的管辖下，对海南岛各区域的实质性统治较历朝历代更加牢固。少部分不受统治且游离于王权之外的"生黎"在清朝时期也得到了改善。雍正年间记载："各峒生黎咸入版图，悉为良民"，一旦收入管辖范围就需要为清王朝上供赋税，参加徭役。道光年间（19世纪前中期），海南岛内的黎峒数量减少甚多，峒主的身份和权力也发生了较大的改变。

从海南岛的历史进程来看，有别于内陆地区以资源为导向的版图扩张，海南岛的版图扩张是以地理位置为导向的由沿海地区向中部山区逐渐深化的过程。

（二）海南岛的移民特点及黎族分布格局的变化历程

1950～1980年，我国的科考队在海南岛上发现了两百余处遗留有石器的古代遗址，从器型和功能分析，最早的可追溯至新石器时代，从遗址的数量和存在密度分析，能够发现沿海地区的数量明显多于中部地区，因此可以得出，海南黎族的祖先最早活跃在沿海地区。

自秦朝以来，封建王朝就开始了对海南岛的统一管理，采用的方式是派驻汉人进入黎族地区行使管理和教化的权力。秦始皇时期"秦徙中县之民南方三郡，使与百粤杂处"。除此之外，封建王朝也会将一些人流放至海南，让其负责教化海南本土居民，并充当贸易往来驿站的管理者。

汉代对海南岛的开拓局限于四周沿海地区，主要因为码头设置多集中在海南北部沿海地区。《万历琼州府志·沿革志》中记载："其初，环海以为郡县，多中土之流寓与近州县染化之人。"说的就是海南沿海一带的居民多是从内陆迁徙而来，或是受到熏陶教化的本土居民。

汉朝至隋朝年间，陆续有汉人迁入海南，这类人群的到来有两种动机，一是被动迁徙，《南溟奇甸赋》中记载："魏晋以后，中原多故，衣冠之族，或宦或商或迁或戍，纷纷日来，聚庐托处，薰染过化，岁异而月不同，世变风移，久假而客反主。驯犷悍以仁柔，易介鳞而布缕。今则礼义之俗日新矣，弦诵之声相闻矣，衣冠礼乐彬彬然盛矣。"可见有官员，也有商人，有驻守边防的，也有流放的，他们逐渐与本地居民结合成了海南岛的居民；还有一种是主动迁徙，这类人群数量较少，多为躲避战乱或经商贸易而有意移民。在隋朝以前，被动迁徙的人数占大多数。以汉朝为例，因海南当地居民无法承担中央政府过重的赋役，发生了较大规模的反抗斗争，汉王朝不得不撤销海南的郡县，那么这些原本就在此行使权力的汉人就不得不抱团而居，大多集中在海南北部。

唐朝开元盛世的经济盛况同样影响了海南岛的发展，海南岛的外来人口数量增加，据记载，唐朝在海南的汉人数量增加了五万余人，相较于历朝历代积累的两万人增长了一倍有余，加之岭南区域的其他少数民族同胞，海南岛上人口数量得到了较大增长。人数的提升必然导致海南岛土地开发速度加快，由原先沿海地区逐渐向中部山区和较为偏远的、瘴疠较为严重的区域开拓。与此同时，汉族带来的文明使海南岛原住民的社会经济发生改变，出现了阶级分化，因此也有了地主阶级和相对贫穷的奴隶阶级，甚至还出现了一手遮天的地方豪强。这种局面迫使众多黎族先民躲避至南部山区，留下来的黎族人则归属政府管理，逐渐汉化。

宋朝年间，海南岛的经济情况和黎族原始社会的封建进程均有了可观的发展。我国历史上有两次规模较大的移民，其中，唐朝末年安史之乱的爆发使得北方人民迁移至南方，数量较多且延续时间较长，直至五代时期仍有迁移。海南岛相对闭塞的状态以及"孤悬海外"的地理优势，使得外来人口向海南岛迁移的时间更是延续到了宋朝。宋朝，移民至海南岛的汉人增加了三万，相较于唐朝较少，但从历朝历代看已是较大规模的迁徙。《新五代史·南汉世家》中记载："是时天下已乱，中原人士以岭外最远，可以避也，多游焉。唐世名臣谪死南方者往往有子孙，或当时仕宦遭乱不得还者，皆客岭表"。形容的就是宋朝末年战火不断，海南是我国南部最远的地区，因此受到了中原人士的青睐，迁移的人不仅有被贬至海南的官员，还有商人等。

唐朝以来，由中央政府对黎族聚居区实施的政策，在宋元时期被强化巩固后，实际上加速了黎族原始社会的阶级分化，加之过重的徭役赋税引发了黎族先民的反封建斗争，便出现了以是否受官府管理为评判标准的黎族"生黎"和"熟黎"，加上汉人，一共是三种势力充斥着黎族聚居区。古籍中有所记载："黎，海南四郡坞土蛮也。……坞之中有黎母山，诸蛮环居四傍，号黎人。内为生黎，外为熟黎"。也有史书以黎族村落距离城镇的远近作为评判标准，距离远的是生黎，距离近的是熟黎，如以县城为中心直至黎母山，那么人口分布应该是汉人—熟黎—生黎。至此之后，汉族人和黎族人在岛内的活动区域不再像汉朝那般南北分布了，而是汉族聚居在沿海各郡县中，黎族则根据受管辖与否分布在海南省的腹地。如《议黎奏稿》记载："琼州府处于海外绝岛，州县卫所等衙门皆沿边海，百里之外为熟黎，熟黎以里为生黎，盘踞黎婆崇山之中"。《明史·地理志》载："南有五指山，亦曰黎母山，黎人环居山下，外为熟黎，内为生黎"。

这种黎族村落分布状况一直延续至清朝年间，各时期大同小异。其中，不同之处在于清朝年间熟黎身份的转变，他们同样也被编入行政区划中，享受的待遇和身份地位与汉族无异，甚至也有黎族加入汉族的行列。最终，诸多黎族人已经从位于山区的传统村落中搬离，虽为黎族村落，但已经没有黎族人在此居住。综上所述，清朝海南黎族行政区域数量之所以减少，第一是因为前期大规模的斗争，第二则是因黎汉融合，人口集中至郡县所致。

（三）黎族地区社会经济的发展

汉朝，迁徙至海南岛的汉人带来了新的文明，与相对落后的黎族人在海南岛上开辟了新的曙光，共同探索当时仍处于瘴疠之地的海南岛中部山区。汉人与黎人多用以物易物方式进行交易，最为重要的是将铁器带入黎族村落中，改进了黎族先民的生产工具，提高了农业耕种效率。

到了唐代，随着迁移海南岛的汉人数量逐渐增多，汉人和黎族人分布面域随之宽广起来，因此在汉人聚居的地方，农业和手工业发展速度更快，比较典型的是应对海南热带气候环境下三季稻的种植，即《广志》中记载的"一岁田三熟"。

当时上层阶级的人们过着衣食无忧的生活，但这种区域性或个别群体的富裕并不能代表海南岛的整体水平，总的来看，与我国内陆地区仍有较大差异。当时海南岛的黎族仍延续"五月畲田收火米"的耕种方式。除此之外，海南也是中央政府流放官员的首选之地，那些因错被贬的官员均认为海南路途遥远且蛮荒危险，正如"一经南贬，便同死别"。以上情况实际上说明了即使是朝代的更替，海南岛上黎族社会的原始构造并未有颠覆性的改变，只是在历史进程中缓慢演进。

到了宋朝，黎族原始社会的生产力有了一定提高，具体体现在农业产量上，有"自宋播占城禾种，夏种秋收""土产苎麻，岁四番收采"等文字记录。北宋年间，苏东坡被贬至海南儋州，通过对其诗句中字眼的考究可以发现，多有对大型农具的描述，如"钼""耜""櫌""耦"等，还有对农田耕种时的形容如"耕牛""良田""霜降稻实"等。由此可以分析出，北宋时期海南儋州一带的农业生产方式及大型农具和我国内陆地区的差异正逐渐缩小，然而儋州等地处于海南岛沿海区域，其农业发展水平位于全岛第一梯队，纵观整个海南岛而言，还是不及我国内陆，因此常被认作"蛮夷之地""瘴疠之乡"。《到崖州见市井萧条赋诗》中曾如此描述海南省萧条的社会环境——"吏人不见中朝礼，麋鹿时时到县衙"。值得一提的是，宋朝海南岛的经济发展速度参差不齐，不同区域的黎族村落发展的差异性较之前更甚，尤其是在黎族人口居多且地理位置偏僻的山区中。如海南五指山、鹦哥岭、霸王岭一带，被形容为"豺狼魑魅之所凭，水土疾疫之为厉"。因此，即使沿海地区农业水平较为发达，但生黎所处的区域也并未有所改变，仍保持着原始的耕种方式。

明清时期是海南农业文明发展的快速时期，因海陆贸易往来逐渐频繁，经前朝战乱和贬谪而来的汉族人逐渐增多，海南岛的社会和农业在此时超过了历朝历代，海南岛首府琼州府的人口数量直追当时人口密度较大的广州府和潮州府，甚至追平了江西周边的各个地区。因汉族人源源不断地往海南岛输送中原文明，汉族聚居区及汉黎族杂居区成了最直接的文化交融地，农业水平有了较大的提高，刀耕火种的原始耕种方法成为历史，此时沿海地区的耕种之法已与内陆相差无几。黎族种作物多为水稻和杂粮，因黎族先民自古以来采用较为科学的村落选址方法，常依山涧造村，使得村内农田均有水源灌溉，因此所产大米色白且味香。有的地区还出现粮食富余的情况，可以用于自家酿造米酒，或是作为以物换物的物资。

第二节　海南黎族的地域文化特性

一、海南黎族的自然环境

海南岛位于我国南海，是我国第二大岛屿。海南于1988年独立建省，其地理分布上属于我国岭南一带，纬度较低使得太阳角度高，长时间的日晒和充沛的降雨量是海南省较为鲜明的特点。海南省属热带海洋性季风气候，四面临海的地理环境使此处也有"台风走廊"之称，每年平均气温在24℃左右。

20世纪60年代，我国按照气候条件的不同将全国分为7个片区，第四个则是以我国西南一代为主的岭南地区。海南岛的气候特征较为独特，位于陵水黎族自治县和万宁之间的牛岭成为一道天然的屏障，将海南岛南部和北部的气候分为热带和亚热带两种。海南岛中部山区因地势较高，鲜有人在此活动，常年生长有茂盛的森林。如此气候特征使得海南岛居民的住宅需具备遮阳、通风、防水、散热等功能。

一个地区的地形地貌特征直接影响着该地区居民的住宅形态及村落布局样式。海南岛中部是以鹦哥岭、五指山、霸王岭为主的海拔较高的山地区域，由中部向四周滨海区域递减高度，依次形成了山地、丘陵、台地、平原的地貌特征，整体是中部最高，四周逐层递减至海面高度的地势。这种高度递减的多层级地貌特征不仅体现了海南丰富的土地类型，也对海南黎族先民村落环境的生成以及民居建筑形式的形成产生了重要影响。

黎族人民多以山谷中的小平原、河谷台地或平溪坡地作为村落的选址。选地的原则是靠近耕地、河川、溪流；地势要高，地形有一定的坡度；地方要"干净"，即野兽要少，不要太靠近交通主干线等。因此，黎族的居民村落多被高大的阔叶林和灌木林围绕，在村落外边看不见居住的房屋。通过田野考察就可以看出，对当地环境不是很熟悉的人是很难找到黎族的村落，从外面看是丛山叠起、绿树成荫，可走到村里却别有一番风景，富有亚热带风情的村落风光是黎族村落共同的景色特征。

海南黎族长期有着反封建斗争的经历，受古代封建政府统治的被称为"熟黎"，多居住在城镇附近；语言不通且不受政府管理的被称为"生黎"，集中在海南岛西南部的五指山深山里。黎族先民的活动范围十分广泛，其聚居区在各个地方都有分布，据统计可占海南岛面积的一半以上。也有少数黎族与汉族杂居在海口、琼海、儋州等地。"生黎"居住区内大部分都是崇山峻岭，包括黎母岭、霸王岭、鹦哥岭等千米余高的深山，在山麓或是山腰处会有地势相对平坦的山谷、丘陵或山涧，原始黎族的村落就散落在深山的这些地方。此外，海南岛西部和南部有着宽广的平原，也是黎族先民村址的首选。

黎族没有本民族文字，依靠语言传递思想，区域不同，方言也各有不同。分布在乐东、陵水、昌江、白沙、东方一带的被称为"哈方言"，人数最多且分布面最广；中南部山区如琼中、保亭区域的被称为"杞方言"，人口数量略少于哈方言；白沙黎族自治县以及鹦哥岭区域分布的黎族村落方言被称为"润方言"；昌江下游及东方少数黎族村落也有被称为"美孚"的方言，其人数和"润方言"相似，较"哈方言""杞方言"少；还有少部分被称为"加茂黎"（或"本地黎"）的黎族同胞，主要集中在保亭黎族苗族自治县、陵水黎族自治县与三亚市交界的地区，后被人们称为"赛方言"。

"一方水土养一方人"，不同地区的居民生活习惯及个性均不相同，这得益于特定的气候环境和自然条件，进而能对特定区域内的社会环境和人文历史的生成产生一定影响。我国最南端的海南岛，是唯一一个热带岛屿省份，常年日照充沛、降水充足，独特的气候环境造就了不同于我国内陆其他地区的生态系统，同时四面临海的岛屿环境也形成了独特的海洋文化。黎族是海南岛最早的开辟者，为了适应自然，他们形成了别具一格的住宅形式与住宅文化，这是他们传统文化的外在表现。

二、海南黎族的人文特点

黎族以其独特的传统文化立足于我国南方，三千多年的历史发展及演变逐渐形成了一套适应海岛热带季风性气候的生存模式，以颇具特点的生活习俗、生产习惯、宗教信仰的方式呈现出来，这些独树一帜的传统文化外在表现形式潜移默化地影响着黎族传统民居及其村落形态的生成，赋予其不同于其他地区少数民族民居建筑的独特之处。

（一）黎族的经济生产方式

汉族农耕文化对黎族社会的影响多集中在沿海一带的"熟黎"区域，直至中华人民共和国成立之初，深山中的"生黎"和游走于二者之间的黎族传统村落仍一直沿用原始的"合亩制"生产和社会组织。

1. "合亩制"

"合亩制"是黎族父系社会残余的一种社会形式，是指以血缘和亲缘关系为纽带的父系家族，以氏族为一个村落的组成方式。这种原始的社会组织形式直至1950年才被取缔。合亩制是以村落为单位，所有劳动力共同参与劳动，所获成果按户平均分配，黎语中称这种方式为"文茂"，翻译为家族的人共同工作。

黎族合亩制的生产基础即农田，其归属权有3种，分别是祖辈留下的田地、合伙购买的田地、私人拥有的田地。这3种田地在合亩制组织形式下，均由村落村民共同耕种，有着公有制的色彩。合亩制是较为典型的集体劳动，在个人任务完成或不损害集体利益的前提下，多余时间可自行饲养家禽牲畜，或种植集体劳作之外的农产品，此类成品归个人所有，可不纳入集体分配的范围中。合亩制的分配方式也不完全公平，农产品的分配以户为单位，因此，人口多的家庭落实到每个人手中的粮食数量就少于人口少的家庭。且一般来说，合亩制中也存在着长幼尊卑之分，"亩头"通常分配的多一些，亲戚之间合亩制的分配会相对公平。据古籍研究可知，合亩制地区也存在着以米作为借贷物换取其他物资的情况，这种借贷没有利息，偿还与否也不深究，这体现了黎族村民相互帮助的生活习惯，这种社会性质一直延续到近现代。直至中华人民共和国成立后，这种合亩制才逐渐变为家庭制。

2. "砍山栏"

黎族先民的农业耕种历史中，有着漫长的刀耕火种的阶段。他们通常会将木材集中焚烧，而后在草木灰中种植草麻子、吉贝等农作物种子，这就是黎族人"砍山栏"的一系列工作，这种方式在海南中部山区十分普遍。更有甚者，采用放火烧山的方式大面积焚烧草木，以此获得下一批农作物的肥料。《海槎余录》中曾记载黎族"砍山栏"的详细步骤，每年四月之时便会集中村民去山上砍树，而后5~7天放火烧之，待到全部烧成灰烬时，则在此基础上去种植棉花、旱稻等一系列农作物，这种情况下孕育出的大米颗粒饱满且富有香气，3～4次循环焚烧后，土壤不再具有肥力，则另择他处重新进行耕种。这种做法使得黎族先民不得不经常更换其村落位置，是较为典型的依靠自然资源获取生存物料的方式，因此被动性较强。无论耕种，还是饲养均取决于土地的肥力，一旦不符合耕种条件，就需要赶赴它村。

"砍山栏"是一种十分原始的农业耕种方式，它也彰显着生产技术的落后。随着人们对自然环境的不断探索和农业生产经验的积累，他们发现了两种耕种技术：一种是延续之前的耕种方式，将种植区安排在距离村落较远的平地上，烧山后用木棒在地上戳坑播种，不翻土施肥，经过几轮种植后再就近选择田地，原来的田地在这一过程中就可恢复自身肥力；另一种是耕种技术上的革新，在每年丰收后将遗留在田地里的麦穗埋进土里，在其中种植番薯，如此可松动土壤，以便后续山栏稻的种植，这种方式能够有效延长土地肥力的持续时间。

基于农业种植导致的黎族村落的不稳定，使黎族先民基本长期处于寻找新村的生活中，在山中但凡有稍微平坦的地方，黎族先民就会圈地、立柱、架梁，所以黎族传统村落是根据田地位置而不断变化的，正如黎族先民中流传的谚语"我们好比山鸡种，觅食一山过一山"。这种迁移的方式实际上并不利于小型村落的生存和繁衍，在寻找耕地的过程中也会与其他黎族村落发生冲突，在不断的选择住址迁徙中，黎族先民完成了长达三千年的生存和繁衍。

（二）黎族的社会政治组织

黎族原始社会的组织形式分为3个层级，最基本的层级是以父系氏族构成的合亩，合亩地区以村为单位进行管理，多村组成"峒"，通常峒主是一个地区最大的执政者。

1. "合亩"

合亩是由同一个氏族构成的家庭单位，有着亲缘和血缘关系，一个合亩是由父系姓氏构成的大家庭，根据合亩的人口数量及亲缘远近可分为亲属关系及混合关系，亲属是由父子、兄弟、叔侄等血缘关系不超过两代的人员构成，旁系则指的是三代及三代以上，这类合亩是此种社会形式的传统模式，大约占总合亩数的40%；另一种混合关系是在亲属关系的基础上，吸纳了部分外来人口参与耕种，他们通常也会在合亩地区生存繁衍，扩大该区的人数，这一类占总合亩数的60%。混合关系的合亩需要有较为团结的亲属关系，因此以血缘为主的户数较多，平均在5～6户，他们所占有的生产田面积也会更多。也有少部分外来户多于亲属户的情况出现，外来户数量可达十余户。

合亩中会有一个管理者行使管理权，被称为"亩头"，这一角色必须具有较高的威望，且是家族之中具有血缘亲属关系的长辈，"亩头"并非由民主选举产生。"亩头"需要监督每家每户的劳动生产以及产品的平均分配，负责合亩中各种民事纠纷的调解，可以视为每一个合亩之中的大家长。由于合亩地区的成员均在同一个区域居住，因此亩头的住宅通常处于这一区域的中间位置，其他民居均有通道连接亩头的住所，以方便其日常管理和沟通。每逢黎族佳节，人们都会以合亩为单位庆祝，甚至集中在亩头家中娱乐。

2. "村"

为了方便管理，零散在山间各个地方的合亩按照区位划分为"村"，通常一个自然村是由多个合亩组成的，例如，通什镇番阳乡的万板、空透、抢隆、什茂四个自然村，实际上包括了当地共18个合亩，最多的村中合亩数量达8个，最少的也有3个。这种村落的形式也是今天海南黎族传统村落的原始形态，在黎语中被称为"番"或"抱"。

黎族传统村落中的人员构成情况共有两种，一种是由较为原始的同一氏族构成，通常是父系一族的姓氏，这种村落中的合亩多为亲属，因姓氏相同且都有血缘关系，因此不能通婚；另一种是基于第一种情况之上，由于黎族与外界的不断交流，外来姓氏加入同一合亩中共同农耕，迁徙往来的人们杂居，纯粹的同一姓氏的血缘关系变得多样化，因此村中就出现了多种姓氏，而第二种情况的村落数量较多。

3. "峒"

黎族先民长期在五指山、黎母山之间盘踞生存，他们聚集而成的村子被称为"峒"，这种称谓基于合亩之上，是整合区域村落形成的规模最大的黎族原始社会组成形式。"峒"指的是多人聚居的山头，或者多人从事农业耕种（"砍山栏"）的地方，因此。"峒"也指一个群体的地理概念。通常二三十里地就会有一黎峒，峒中的村落在十间左右，峒的大小根据其中村落数量和人口数量决定，一些大的黎峒可达上千户。值得一提的是，作为多个村落的上位概念，每个黎峒都会有自己明确的区域划分和界限，它们通常借助自然环境如山岭、河流、树林为界限，如没有这些可用栽树、埋放牛角的方式作为区分，这种界限并非某一日突然形成，而是自黎族先民在此建村后，经过几代人的繁衍后逐渐明确的区域定位，一旦划定界限后，非本峒的黎族村民不可随意进出这一范围。本峒村民在日常还肩负守卫黎峒安全的责任，如需要到临峒去采集自然资源或捕鱼狩猎，需通过临峒的峒主及其他合亩的亩头同意才行，同时上门拜访时需携带各种形式的租金和礼品。如若擅自前往临峒，在没有得到允许的情况下跨越界限，会被视为对临峒资源的威胁和挑衅，通常以峒之间的械斗收场。

每一个黎峒的管理者被称为"峒主"，《琼州府志》中曾记载："以先入者为峒首，同入共力者为头目，父死子继，夫亡妇任"。其意为峒主通常是以世袭的概念传承，以子承父业的形式代代相传，也有传及妻子的情况出现。峒主是村内威望较高且受尊重的领导者角色，与亩头的责任和义务相似之处在于二者均需要调解民众纠纷，维持峒与峒之间的和平共处关系，并依据黎族传统文化打理峒内的各种事物。然而在封建王朝统治者的政权导向下，峒主逐渐沦为地方政府管理黎族村民的基层负责人。中华人民共和国成立后，这类情况逐渐被乡镇的建立取代。

（三）黎族的宗教信仰

原始社会时期，由于生产力极端低下，自然界的力量基本处于人类的控制之外，先民们不可避免地成为自然界的"奴隶"，由此先民们认为人类社会生活中所有的一切都是自然恩赐，黎族的原始宗教就是在这样的基础上慢慢形成的，他们信奉"万物有灵"，而这一观念的核心是灵魂不灭。黎族地区的原始宗教信仰多种多样，渗透到社会生活的各个方面，有的反映了原始社会中人与人之间的关系，有的则反映了人与自然的关系。黎族的原始宗教的表现形式，主要体现在所崇拜的对象及其表现形式上，包括自然崇拜、图腾崇拜、祖先崇拜以及巫术。

1. 自然崇拜

"万物有灵"观念是黎族自然崇拜的思想根源，其形式上是直接对自然物体进行祭拜，实质上是对各种各样的自然"鬼神"进行祭拜，以保持其自然宗教的原始特征。崇拜的对象包括天、地、山、雷公以及火。

（1）天崇拜。黎族人早期崇拜信仰的对象都是孤立无序的，每一种崇拜物都是人们祈求神灵力量的象征物。在其众多的崇拜中，要数天崇拜最大。黎族地区春旱夏涝，一般来说靠天吃饭。为了收获，黎族的先民拜天求雨。黎族人把日、月、星、辰、风、雨、雷、电等自然现象统称为"天鬼"。

（2）地崇拜。在黎族自然崇拜中仅次于天崇拜。土地生育和承载万物，是人们赖以生存、万物赖以生长的极其重要的载体。在黎族人的心目中，地是"万物之母"，继而从对土地的崇拜衍化为对土地神——"地鬼"的崇拜。黎族人总认为作物之所以获得丰收，是"地鬼"的恩赐，所以人们在获得丰收后都要举行祭祀仪式，以表示对"地鬼"的感激。在节日和发生灾难时，都要杀牲祭拜"地鬼"，以祈祷村寨平安、多获猎物、谷物丰收。

（3）山崇拜。黎族人崇拜"山鬼"的历史久远，其遗俗一直延续到中华人民共和国成立前。"山鬼"是黎族人的保护神，人们上山砍山栏或打猎时，都要先祭"山鬼"，黎语叫作"开寨"，即开寨门之意。因山峰在天气变化时，会发出某种征兆来告诫村里人，黎族村落又都坐落在山峰脚下，因此，黎族人对能预报天气的山峰极为崇拜。

（4）雷公崇拜。在黎族的传统观念里，雷公是代表执法和行罚的神，认为雷公可以窥见人间的一切，所以，没有道德和做坏事的人都会受到雷公的惩罚。但黎族观念中认为，只要触犯了雷公，都会受到惩罚。所以，他们都很敬畏他。

（5）火崇拜。人们烧煮饭菜、刀耕火种、御寒狩猎等都离不开火，火在黎族古代社会中占有极其重要的地位。人们对火由敬畏发展到崇拜，各方言黎族对火的崇拜集中体现在祭祀"灶鬼"的活动中，任何跨过、敲过和乱动用3块石头砌成的"品"字形的炉灶，都认为是对"灶鬼"的冒犯，将会受到"灶鬼"的惩罚。

黎族人崇拜的自然物体有很多，以上5种是被海南地区的黎族人普遍认同的，其中在采访中听老人们说得最多的是对雷公的崇拜。

2.图腾崇拜

图腾崇拜是随着氏族的产生而出现的，氏族是最基础的单位，每个氏族都有自己崇拜的图腾。黎族的图腾崇拜，大概是与黎族的母权制氏族公社同时产生的，其特点是认为人们的某一血缘联合体和动植物的某一种类之间存在着某种联系。崇拜的图腾主要为龙、鸟、蛙、蛇、牛、葫芦瓜。

（1）龙图腾崇拜。龙居于深深的水中，不易被人眼看见，是美丽的动物。有龙就有水，有水天不旱，庄稼有好收成。因此，黎族人崇拜龙，并视龙为自己的保护神。

（2）鸟图腾崇拜。传说中黎族的先民有个女儿，出生不久后母亲就去世了，"纳加西拉"鸟嘴里含着谷子将此女儿养大成人。为了永远纪念"纳加西拉"的功绩，黎族妇女就在身上刺着各种颜色效仿"纳加西拉"翅膀的花纹，这也是黎族妇女文身来源的说法之一。

（3）蛙图腾崇拜。黎族崇拜青蛙，把青蛙看作丰收、幸福的象征。黎族妇女除了把青蛙图案织在精美的传统织锦上，也作为文身的图案文在身体的某个部位上。青蛙的繁殖能力强，黎族还把青蛙作为生育崇拜的对象，以象征多子多福。

（4）蛇图腾崇拜。在黎族社会中，蛇图腾观念起源很早，还涉及人类的起源问题。在"黎母山传说中"，讲述了雷公在海南岛一个利于繁殖的地方放置了一颗蛇卵，小女孩从蛇壳里跳出来，取名叫黎母。女孩长大后与一个渡海采沉香的青年结婚，繁衍了黎族子孙。这则神话体现了黎族蛇图腾的观念。

（5）牛图腾崇拜。黎族人对牛十分崇拜，因为犁地种田、婚丧等事，无处不用牛。他们认为牛如人一样，是有灵魂的实体。家家户户都珍藏着一块被称为"牛魂"的宝石。

（6）葫芦瓜图腾崇拜。几乎所有黎族地区都有"葫芦瓜"的传说。"传说在远古时代，人类在某一时期遇到了洪水暴发，天下的人几乎灭绝，只幸存一男一女和一些动物藏在葫芦里。后来他俩结婚了，才又重新繁衍了人类。葫芦瓜不仅保住了人类的生命、繁衍了人类，同时也给人类的生产生活提供了各种各样的便利，因此，葫芦瓜便成为黎族图腾崇拜的对象，它还是后代船型屋的雏形。"❶

图腾崇拜是黎族原始宗教的主要表现形式，采访中经常能听到黎族阿婆们说到自己所信奉的图腾。其中，对蛙图腾的崇拜表现在黎族生活中的方方面面。蛙纹是黎族文身中运用较多的图式，尤其在美孚方言黎族人的文身图式中，在符金香、符村河等几位阿婆的文身图式中可以很清楚地看到。

3. 祖先崇拜

祖先崇拜是在母系氏族时代的一种宗教形式，崇拜对象最初是母系氏族已故长者的灵魂，其后是父系家长的亡灵。在黎族的传统观念里，灵魂是永生不灭的。黎族的文身与祖先崇拜有着密切的关系，这种观念在黎族人民的心目中根深蒂固。

"石祖"是父系氏族的象征，是对祖先的崇拜。黎族有着从母系氏族到父

❶ 王学萍. 中国黎族 [M]. 北京:民族出版社,2004:166.

系氏族社会、从血缘家庭到一夫一妻制的过渡。"石祖"在一些黎族地区也是祖先和生殖力的象征。在黎族一些村子的大榕树下，常有一间矮小的石屋，用几块石头筑成，这是黎族人民经常朝拜的土地庙。

4.巫术

巫术在原始宗教中被认为是人类与鬼魂世界沟通的一种方法。

宗教信仰在海南黎族中的普及情况有限，不同宗教（如佛教、道教、基督教）在与黎族传统文化的融合中产生了不一样的结果。唐宋年间，佛教文化就已经通过海路传递至此，但仅在小范围内的小部分人之间传播，未能形成中原地区的规模；基督教也在明朝年间由外籍移民传至海南岛，然而基督教中的不杀牲畜与黎族先民的生活习俗冲突，另外对上帝的信仰无法遮盖黎族人对祖先的怀念，因此基督教在此也未得到有力发展；道教与黎族传统文化中"万物皆有灵"的自然观念有较高趋同性，因此在黎族范围内流传相对广泛。然而无论哪一种宗教信仰，在传入黎族地区时均会受到黎族人的二次解读，因此，黎族先民的宗教信仰同样也是多种文化背景作用下的成果。

（四）其他文化特征

除了以上意识形态的文化特点，黎族也有着丰富的物质文化，例如，黎族织锦、船型屋民居、黎族文身、黎族藤竹编织等。黎族先民因较为原始的生存环境，开发了自然资源的多种用途，他们善于制作各种用途的木质器具，如横渡山涧的独木舟、喂养牲畜的猪食槽等。20世纪70年代末曾在化州县出土了独木舟，舟槽内尚能分辨出加工过的痕迹。黎族先民制造独木舟时会采用烧制后刳挖的工艺流程。黎族织锦的文化同样璀璨且悠久，《尚书·禹贡》中记载海南岛的黎族纺织是："岛夷卉服，厥篚织贝"，在战国时期就已经有了黎锦的雏形，到了三国时期则有了对其颜色的形容，即"五色斑布"。唐朝年间，黎族织锦已经作为贡品每年上供给朝廷，随后也逐渐丰富其大小、长度及用途。此外，黎族的传统烧陶技艺、传统民居营造技艺、藤竹编织手工技艺都有着独树一帜的地域特色，通过生活物件载体体现出黎族特定的生活方式和民族智慧。

黎族因没有本民族的文字，故其口口相传的故事内容形式上十分丰富，如民间故事、传统歌谣、音乐舞蹈等，这些内容主要围绕黎族的传说进行，记录着黎族人出生、结婚、死亡等一系列人生阶段的风俗传统。以民间艺术的形式来传承，彰显出黎族先民乐观、坚强且朴素的人文精神。

海南独特的地域环境和生产生活条件形成了黎族独特的民族风俗和习惯，从黎族的族源、族称到人们的生活环境和宗教信仰等都表现出黎族特有的文化风貌，从中可以看出地域环境对黎族文化特征的形成有着很重要的影响和作用，在其特有的环境下创造了属于自己独特的民族文化。

第三节　海南黎族传统文化元素的类型

黎族的传统文化元素主要是从黎族的地域文化特色中提炼出的精华：黎族各种题材的历史传说、图腾崇拜、自然崇拜、祖先崇拜等宗教信仰；黎族的传统手工艺黎锦，是世界级非物质文化遗产，也是黎族艺术领域最为出众的手工艺；用自己的身体记录了一部无字的民族历史——文身，文身是海南黎族先民的典型民间习俗。

黎族传统文化元素具有形式美、功能性、寓意性、社会性、精神寄托等特性，无论是雕刻在器物上的、文在脸上的，还是绣在衣服上的图案，其构图都简单明快，应用夸张的手法重塑生活场景，深刻反映了黎族人民朴实、坚毅、欢乐且积极向上的真实生活状态，也都体现了黎族人民对美好生活的向往。

一、民间传说类

黎族没有属于本民族的文字，其文化一直靠语言流传至今，因此在这一过程中也创造了许多富有神奇色彩的民间传说故事。涉及的内容有自然山川、生活习俗、宗教信仰、历史人物和历史事件等诸多方面。

（1）人物传说。人物传说中的主人公均从不同角度推动了黎族社会历史文化的发展和社会变革，如伏波将军、冼夫人、李德裕、海瑞、黄道婆等真实存在过的历史人物，以及关于黎族民间英雄人物或虚幻人物的传说，如"勇敢的帕拖"讲述的是黎族青年帕拖，为了百姓不再遭受老鹰精的迫害，历尽艰险寻找能与老鹰精对抗的宝物，最终为民除害，保护黎民百姓的英勇事迹。并赞扬了帕拖不畏艰险、保护家园、征服自然的勇敢无畏精神。

（2）地方传说。地方传说主要是关于海南黎族山川、港湾的形成、变迁、特征等进行解释的传说，带有浓厚的地方性和神奇色彩。比较著名的传说有"五指山的传说""七指岭的传说""吊罗山""鹿回头""落笔洞"等。"五指山的传说"在黎族民间广泛传承，讲述的是黎族夫妻阿力和娜迈以及他们5位勇敢的儿子守护家园化身为山的感人传说。五指山是黎族先民传统精神文化的象征，黎族源于这里，而后不断地开发和守护着这座凝聚着黎族民众内在精神力量的山岭。

（3）动植物传说。动植物传说讲述的大多是在黎族漫长的历史发展阶段中，对黎族的社会生活产生重要影响的动植物，这些动植物均以人格化的形式出现。如"椰子的由来"解释和描述了椰子的由来和外形特点，体现了黎族对动植物特有的情感，以及黎族与动植物之间的相依相存、密不可分的社会关系。

（4）风俗传说。风俗传说是对黎族地区各种风俗、习俗的形成、特征和发展演变等问题进行阐释性说明的传说，最为广泛流传的是黎族"三月三"节日的传说，它讲述了节日的兴起和由来、历史贡献、爱情婚姻观念、家族先辈们赐予幸福的记忆，以及已婚妇女祈求子女的美好祈愿等。这体现出不同区域黎族民众深厚、多层次的文化积淀、底蕴及心理特征。

二、图腾符号类

黎族人民没有自己的文字，但他们用图腾的形式记录着黎族的历史、民俗、文化等。黎族的图腾崇拜大约是从黎族的母权制氏族社会伴随姓氏产生的，每个氏族都有自己所崇拜的图腾与信仰。黎族的图腾与黎族人民的生产、生活、自然环境、宗教信仰等因素息息相关，体现了黎族人民对美好生活的向往及他们独特的审美。黎族人民对图腾的崇拜不是单一的，而是不固定的、有不同种类。同时黎族人民崇尚自然，崇尚"万物有灵"的说法，这也是黎族自然崇尚的根源。自然界中的一切鬼神都是黎族崇拜和惧怕的对象，黎族人民便把这些对自然界万物的崇拜用图案表达出来，于是有了各种图腾，图腾涉及蛇、狗、牛、鱼、蛙等动物，以及木棉树、槟榔树、葫芦瓜、芭蕉树、白藤叶等植物；以及神话故事中形成的图腾符号，如大力神、甘工鸟等。

黎族崇拜的动物图腾符号主要以蛇、龙、马、狗、蛙、牛、猫、鹿，这些被海南黎族奉为图腾的动物与黎族的生产生活有着密切的关系。综合史料分析，蛙形象贯穿了黎族生产生活的方方面面。黎族有五大方言系，各支系的黎族人民崇拜的图腾不同，但都会涉及青蛙的图案。如生活在东方、昌江一带黎族自治区内美孚方言的人民将青蛙视为图腾物，他们从不捕杀青蛙，在他们的衣物、鼓、器具等日常生活用具上都有青蛙的纹样，在贮水的大水缸上亦塑有几只青蛙。这是因为他们认为青蛙生育能力强且有着较强的生命力，有呼风唤雨、丰收、多子多福的寓意。五大方言的海南黎族所使用的铜锣或大皮鼓上都有青蛙的形象；尤其是铸有青蛙形象的铜锣，被视为珍贵的财富，称为"铜精"（图1-1、图1-2）；另外，许多黎族妇女的简裙上也都织有青蛙的图案；甚至文身时在脸、手背、手臂、胸前和唇上刺青蛙花纹。蛙纹是黎族先民对生殖崇拜的一种表现形式，因蛙腹部肥大，和孕妇的腹部形态相似，有着浑圆而庞大的特征，再加上产卵数量大，有很强的繁殖能力，所以蛙便被原始先民作为女性生殖的象征。可以看出海南黎民们对青蛙有着特殊的感情，把蛙当作自己的祖先或神灵加以崇拜，因此才会把蛙图腾融会贯通在海南黎族社会生产和族群生活的方方面面。黎族蛙图腾的原始崇拜，虽然是对自然的一种不现实的、虚幻的认知，但是在客观上它引导了原始意识形态对民族心理逐渐形成的

图1-1　北流型铜鼓
（图片来源：海南省博物馆）

图1-2　独木皮鼓
（图片来源：海南省博物馆）

基本过程，对海南黎族社会结构的族群划分起到了一定的进步作用。同时，蛙图腾又无形中构建了黎族民间神话体系和社会文化脉络，由于具备了共同的群体意识，族群向心力和凝聚力加强的同时，也有利于黎族生产的发展和生活的保障。

黎族植物崇拜的图腾符号有水稻、榕树、葫芦瓜等。黎族人民认为，榕树是有灵性的，是人类的朋友，也被寓意为"雨仙"。并认为村落榕树最多的地方，雨量最充沛，这种对榕树的崇拜体现出了黎族先民对美好生活的向往。葫芦瓜图腾符号是从几乎所有黎族地区都有的"葫芦瓜"传说中提取的。传说中葫芦瓜不仅保住了黎族祖先的生命，繁衍了人类，也给他们的生产生活提供了多种多样的便利，因此，葫芦瓜便成了黎族图腾崇拜的对象，这也是后来黎族民居船型屋的雏形。芭蕉、木棉、番薯图腾符号是东方哈方言黎族的姓氏，即"芭蕉的孩子""木棉的孩子"和"番薯的孩子"，意思是把这些植物分别作为不同血缘氏族集团的称号，视这些植物为自己血缘集团的保护神。鹿回头、尖峰、中沙等地的"符"姓的黎族有对竹崇拜的习俗，他们把竹子作为姓氏，也就是氏族的符号。"符"姓，黎语叫作"色顺"，是"竹的孩子"或"竹子丛下"的意思。原始时期，凡是"色顺"同姓氏族都集中居住在一起。

　　神话故事中也形成了一些的图腾符号，如大力神、甘工鸟等。大力神讲述了在远古时候天上有7个太阳和7个月亮，而且天离地特别近，大家因被炙烤而无法出山洞干活，所有生灵都没有办法生存下去，这时有一个叫大力神的人拯救了大家，他用身躯分开了天和地，并且射掉了多余的太阳与月亮，接着又造出了山川河海、森林草地，完成万物造化后，他筋疲力尽地倒下，巨掌便形成了五指山。大力神用自己全部的力量为人们带来了世间万物与美好的生活，因此，大力神便成了黎族人民崇拜的图腾。大力神图案作为一种图腾崇拜，映射出先民的原始生态意识，同时黎族人民也希望将大力神能赋予在自己的身上，保护自己及家人。因此，象征着开天辟地的大力神图腾符号被广泛地应用在黎族织锦艺术上（图1-3）；"甘工鸟"的传说是广泛流传于海南黎族地区的古老黎族爱情故事，缘起于保亭七仙岭。聪明美丽、能歌善舞、心灵手巧的黎家姑娘婀甘与勤劳勇敢、射箭百发百中的拜和相爱了，两人在槟榔树下立下了

山盟海誓。婀甘与拜和恋爱的事传到恶霸峒主耳里，有钱有势的峒主把拜和打成重伤，强抢婀甘做自己的儿媳妇，婀甘坚决不从，化身一只自由的鸟，拜和也身化作鸟，跟随婀甘而去。从此，乡亲们再也见不到婀甘和拜和了，只有在七仙岭的上空经常看到有两只美丽的鸟儿在自由自在地飞翔着，"甘工！""甘工！"歌声不断。在这个故事里，甘工代表了黎族人民对美好生活的渴求和对美好爱情的期盼，因此，甘工鸟图腾便成了寄托这种情感的象征物（图1-4）。

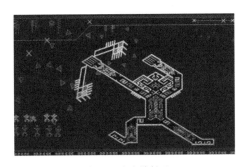

图1-3　大力神射日

图1-4　甘工鸟
（图片来源：《织锦上的黎族》）

三、图案纹饰类

（一）黎锦图案纹饰

黎锦是海南岛黎族民间织锦，历史悠久，颜色鲜艳，极具民族风情和浪漫主义色彩，是中国纺织艺术史上的一朵奇葩。黎锦图案是体现黎族妇女的审美意识、生活风貌、文化习俗、宗教信仰及艺术积累的文化现象。其主要反映了黎族社会生产、生活、爱情婚姻、宗教活动以及传说中吉祥或美好形象物等。据不完全统计，织锦图案纹饰有一百多种，大体可分为人形纹、动物纹、植物纹、几何纹，以及反映日常生活生产用具、自然界现象和汉字符号等的纹样。其中人形纹、动物纹和植物纹是最常用的织锦图案。通过人物与动植物的搭配，图案纹饰美观而精致，惟妙惟肖。黎族织锦主要以绣、染、织等结合的工艺进行制作。染料的主要原料来源于山中或者家里摘种的植物，经研磨后形成染料，这种植物中提取的原料颜色鲜艳饱和，且不易褪色。此外，也有较少使用矿物染料的地区，运用不同颜色矿石提取颜料进行加工。居住于不同地区、不同方言的黎族人民因生活习惯的差异以及个人喜好的不同，创造了各具特色的黎族织锦技术。例如，居住在白沙县的哈方言黎族人民，他们的黎锦是双面加工的彩绣，技艺精湛，可与苏州的"双面绣"媲美。美孚方言絣染技艺也是非物质文化遗产之一（图1-5）。黎族织锦渗透在黎族生活的方方面面，如服饰、配饰、装饰、床上用品等，其丰富多

图1-5　美孚方言絣染技艺
（图片来源：作者自拍）

彩的图案、精细的花纹，集中展示了黎族人民独特的民族风韵。

黎族织锦历史悠久。据相关史料记载，在宋代之前，黎族人就已经掌握了纺织技术，当时能织出基本的床单等物品供人们日常使用。且从汉代开始，黎族织锦就成为地方上供封建统治者的贡品，黎族享有盛名的"崖州被"曾远销海外。黎族织锦的发展，从满足生活需求的日用品转变为精美的工艺品，反映了黎族织锦的地域传统文化特色以及黎族人民的勤劳和智慧。经历较长时间的探索，黎族织锦主要是由黎族的棉麻纺织以及缬染工艺组成，随着发展，其地域特色越来越突显。

黎族织锦的图案纹样造型简洁精美，富有装饰性和构成艺术。织锦纹样的组成注重图形符号之间的主次、大小，颜色的冷暖、深浅关系的处理，层次分明，重点突出，颇具节奏感。织锦图案常以一个主图形搭配多个次图形构成，面积、色调均不一致，通过秩序性较强的外观达到排列有序的视觉效果。其中，主图形有人纹、大力神纹等，次图形多以植物纹、几何纹为主，从图案的搭配中也能看出黎族先民对祖先的尊崇以及对自然环境的敬畏。因方言区的不同，服饰图案各有差异，表现形式也各有侧重，有不对称的场景图案也有通过二方、四方连续组合形成的对称图案，甚至是对同一物体的图案设计也有差异。总的来说，黎锦图案特征鲜明、变化丰富，是其传统风俗、生活习惯、神话传说等文化的综合体现（图1-6）。

大力神纹是黎锦中的典型纹饰，大力神是黎族神话的创世神（图1-7）。其基本骨架是由头部、腹部、双臂和双腿四部分组成，形似人形。一般都是正立面形象，并呈现中轴左右对称的布局，其形象高大魁梧，尤其是双腿和双臂十分健硕。因此与一般的人形纹有所区别。同时，在其健硕的双腿靠近脚的位置、双臂靠近手的部位和腹部中心，适形添加与主体相似的缩小版的大力神纹样。在其余空间则用甘工鸟、蛙纹、直线纹、几何纹、菱形纹、方形纹等几何纹样根据空间布局添加。大力神纹样的头部装饰也极为复杂，一般在头部菱形纹样内适形添加菱形纹饰和几何形纹样。不仅如此，还有一些大力神纹样，其

（a）哈方言黎锦图案   （b）杞方言黎锦图案

（c）润方言黎锦图案   （d）赛方言黎锦图案

图1-6　不同方言区的黎族图案
（图片来源：《织锦织贝珍品　衣裳艺术图腾百图集》）

图1-7　大力神（图片来源：《织锦上的黎族》）

头部左右两侧长出向上挺立的双臂，与向下的主双臂形成呼应，但要小于主双臂，装饰纹样也相对简单。其目的是更好地突出创世大力神巨大的威力和英勇勇猛的精神。黎族人民把织有大力神纹样的黎锦穿在身上，也是希望自己像大力神一样具有巨大的能量与英勇无畏的精神。

蛙纹是黎族织锦中最常出现的动物纹，其造型丰富、形式多样。多通过不同的表达形式形成神态不一的蛙纹装饰，具有一定的写实性和抽象特征。例如，有的省去青蛙的前腿，仅以后腿呈跳跃状来表现青蛙跳跃的形态，图案形式夸张，具有极强的艺术性和装饰性；有的中间纹样成"田"字形，通过动与静的抽象对比，表达青蛙在田间跳跃的活动特性；还有的直接用倒三角形来表示青蛙的头部，简练的形式代表各种动植物，融成一个故事情景，用抽象的艺术语言表达对生活环境的感悟，反映了黎族人民对日常生活充满期待和赞美（图1-8）。除了造型具有鲜明的特色外，黎族织锦还特别注重颜色的搭配。"黎锦光辉艳如云"是古人对黎族织锦的赞叹，黎族织锦颜色艳丽，采用强烈的对比手法，如将饱和度高的颜色与明暗间色，与红色、黑色、青色等互相调和，形成强烈的视觉冲击，具有现代装饰美感。如黎族的龙被由黑色、红色、黄色等进行搭配，具有民族特色，带来了视觉冲击。这些表现手法非常成熟，在现代的艺术设计中也常常被运用。据研究，黎族织锦图案按照不同形式分类多达百余种，其中人物和动植物是最常用的素材，山川河流等自然元素以及

（a）哈方言　　　　　　（b）杞方言　　　　　　（c）赛方言

图1-8　不同方言区的蛙图腾
（图片来源：《黎族蛙崇拜探究》）

风、雨、雷、电等自然现象也时有出现。将这些素材进行整合，再经过编排，应用抽象的形式美学设计手法，将简单的直线、几何形、斜线等形式进行组合，以展示黎锦的艺术美，富有艺术性，是黎族先民原始审美最直接的体现。

（二）文身图案纹饰

海南岛主要生活着汉族、黎族、苗族、回族4个民族。过去只要看有没有文身，就可以轻易地将黎族女性和其他民族女性区别开来。黎族的文身部位和图式，特点鲜明，很容易被识别。因此，黎族文身具有鲜明的民族特征。黎族有5个支系即五种方言，分别为"哈""杞""润""美孚"和"赛"。其中赛方言的文身已经绝迹。各支系的文身图式各不相同，同一支系的不同村寨间文身图式也有区别，相互之间不得篡改。刘咸在《海南黎族人文身之研究》中说，"黎族的文身图式为分属之记号，与其社会与政治组织有关系，不得混杂或假借。大而言之，各部落有各部落之标记，各峒有各峒之标记。小而言之，各氏族有各氏族之标记，各村有各村之标记。"❶可见，文身是黎族各支系之间的区别标志。黎族文身习俗的社会功能十分丰富，涉及区分族群、图腾崇拜、成人礼、婚姻、求吉辟邪等多种。功能之间不是孤立、单一出现的，而是相互关联、互为影响的。黎族文身与图腾崇拜和族群标志的功能有着密切的关系，也是黎族文身的最初功能。区分族群可能是最早的文身功能，但图腾崇拜又是黎族最早的原始宗教形式之一，往往也是族群的标志，具有区分和识别族群的功能。因此，图腾崇拜和族群标志两者之间有着密不可分的关系，相辅相成，缺一不可。

黎族各支系的文身部位和图案纹样有自己的特色，润方言文身主要在面、颈、胸、背、腿、手臂6个部位，其中背纹是润方言所特有的；美孚方言文身主要在面、颈、胸、腿、手臂、脚6个部位，纹式主要以直线和散点为元素，特点鲜明；哈方言文身主要在面、颈、胸、腹、腿、手臂6个部位，纹式以线条为主；杞方言的文身图式在4个保留有文身遗迹的黎族支系中是最简单的，

---

❶ 刘咸. 海南黎人文身之研究[C]. // 詹慈. 黎族研究参考资料选集（第一辑）. 广东:广东省民族研究所编印，1983:232.

主要在面、臂、腿3个部位，纹式以线条为主（图1-9）。可以看出各支系的文身图案元素基本上可以分为直线、斜线、圆圈和点等几大类。文身的图式就是巧妙运用这几种基本的线条组合成各种抽象的几何形图案，但每个支系的文身图式又都有自己的显著特征，特别是润方言和美孚方言两个支系的文身部位基本相同，都文在面、颈、胸、腿、手臂5个部位，但润方言的背纹是其他支系所没有的，具有独特性。两个支系的文身元素基本上都是由线条与圆弧构成，但通过不同方式的组合而形成的图式却有着很大的差别，特色鲜明、难以混淆。润方言的图式规则、整齐，平行线较多。美孚方言的图式较灵活，倾斜线、交叉线较多，在颈、胸、小腿等部位的图式中则以线和密集的散点组合，这是美孚方言所特有的的特征。不同方言的妇女以文身样式的不同来区分识别

（a）哈方言阿婆　面纹

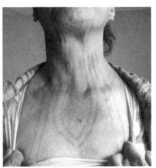
（b）哈方言阿婆　颈纹

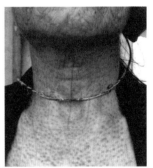
（c）美孚方言阿婆　颈纹

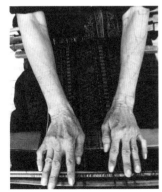
（d）美孚方言阿婆　手臂纹

（e）杞方言阿婆　面纹

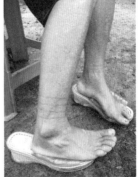
（f）杞方言阿婆　腿纹

图1-9

（g）润方言阿婆　背纹　　　　　　　（h）润方言阿婆　颈纹

图1-9　不同地区妇女的文身样式（图片来源：作者自拍）

其支系从属，或是区分每个地区不同的聚居人口。

黎族各支系的文身图式元素如按图案学的构成形式来划分，可以分为单独式构图、连续式构图和适合式构图。单独式构图主要是由单体元素构成，可分为斜线类、曲线类、圆和点类（图1-10）；连续式构图主要是由单独元素的横向重复排列构成的，如圆或同心圆的重复排列、三角形的重复排列，圆和方形的重复排列等，常见于手、腿等部位（图1-11）；适合式构图主要是由单体元素重新组合后所组成的几何形纹式（图1-12）。黎族各支系的抽象几何形文身图式蕴含着某些象征意义，其背后有着较深远的文化内涵。文身图式的象征意

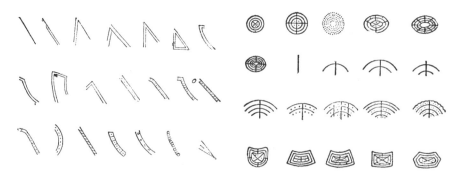

图1-10　单独式构图（图片来源：刘咸《海南黎族文身之研究》）

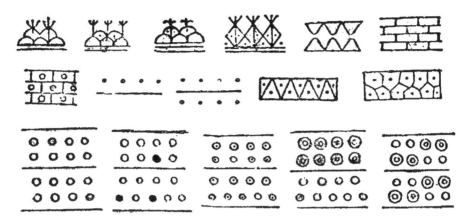

图1-11 连续式构图（图片来源：采自刘咸《海南黎族文身之研究》）

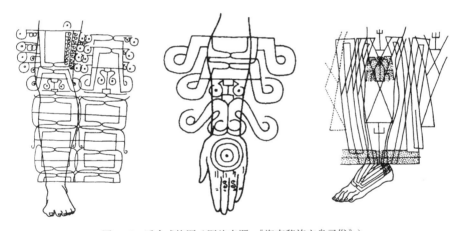

图1-12 适合式构图（图片来源：《海南黎族文身习俗》）

义和文身的社会功能把黎族先民的宗教信仰、价值观念、婚姻观念等刻画得一清二楚。也就是说，当我们从历史的角度看待文身时，它就是黎族的文字，这种刻画于人身体上的特殊文字，记录了黎族的发展史。

在黎族先民意识中，文身是黎族妇女一生中必须经历的洗礼。在他们内心中，文身不仅仅是简单的刺破皮肤进行染色，更是在这一过程中感受痛苦、体会先祖不易，最终蜕变为坚韧不拔美丽特性的必经之路。通过文身这一特殊的重视人内心与外在双重修炼的过程，使黎族人在氏族血缘、亲缘脉络上的发展有了继承与延续，同时展现了黎族人民浓郁的民族文化继承理念，以及对生命的渴望与尊重。文身样式中点、线、面结合以及对称构图的艺术手法，也表达出了黎族勇敢乐观的生活态度，展现了黎族独特的审美观。当下，黎族文身的美感构成是研究领域较为热门的话题，即使当下纹有文身的黎族同胞人数在不断减少，它仍以图案的形式存在着。

四、民居建筑类

黎族是海南岛最早的居民，他们繁衍生息在美丽富饶的海南岛上。黎族先民在漫长历史发展过程中，为了适应自然环境、物质生活以及社会生产的不断需求，对本民族传统民居进行了多次改良，创造了具有独特风格的民族传统民居建筑。黎族传统住宅建筑经历了一个自身发展到仿汉式改良的发展演变过程，其基本建筑形式呈现出一个由"巢居"—"干栏"（高脚船型屋和低脚船型屋）—地居（落地船型屋）—半船型屋—金字屋—砖瓦屋的系列演变过程。

（一）船型屋

船型屋是海南黎族具有民族特色的传统住宅类型。相传，黎族同胞是为纪念渡海而来的黎族祖先，故以船型建造住屋，因外形像篷船，内部像船舱，故得名为"船型屋"。因黎族所处的客观自然环境，以及受汉族文化的影响，这种住宅建筑的外形在不断演变，目前，海南黎族地区还保留着各种形状的船型屋。从上层住人、下层养牲畜的"高脚船型屋"，到取消下层养牲畜的"低脚船型屋"，再到取消悬虚构屋而直接落在地上的"地居船型屋"，最后演变成船篷升起，有了矮小檐墙的所谓"半船型屋"的民居形式。

1. "干栏"式船型屋

黎族是由我国古代南方百越族发展而来的，具体说是百越族中"骆越"的一支。百越族，是居于现今中国南方、与古代越人有关的各个不同族群的总称。他们有着共同的民族特征：善种植水稻、制造和使用铜鼓、住干栏式楼房、善歌唱、文身染齿、崇信巫鬼等。从史料的记载中可以看出，黎族古代的民居建筑与我国南方各少数民族的民居建筑相似，都是那种上人下畜的"悬虚构屋"的"干栏"式住宅。在海南黎族住宅建筑的发展史中，"干栏"式住宅建筑历时最长，可分为"高栏"和"低栏"两种，两者之间的区别主要在于"栏"的高度能否圈住一头牛。高栏就是"上人下畜"的高脚船型屋，栏的高度一般离地面1.6~1.8米，上面住人，可避暑气、瘴疠、毒草及沙虱、蝮蛇，下层养牲畜，能使其避免遭到野兽的侵害。"干栏"式是黎族最古老的一种民居形式，生活在五指山腹地的白沙县润方言地区的黎族就住这种房子，其选址多为坡地并注意与地形巧妙结合，民居建筑是由厅堂、卧室、晒台和杂用房等几个部分组成。随着锄耕、犁耕山地农业的发展，以及人口的增长、族群的扩大，黎族百姓逐渐在一个地方定居下来，并形成固定的村落。聚居久了，村子附近的野兽逐渐减少，牲畜也就可以安全地从住宅里分离出来，于是栏的高度就逐渐降低，下养牲畜的功能也就此消失。黎族传统住宅建筑形式便发生了自然变化，形成了低脚船型屋（低栏），其结构与高脚船型屋相似，不同之处是楼面降低，栏的高度一般在0.7~1米。低脚船型屋基本建在平地上，由前廊、居室和后部杂用房组成。从"高栏"到"低栏"是一个适应自然环境、方便生活和生产力发展需要的演变过程，但两种形式的顶盖与檐墙都是合而为一的，成船篷状，前高后低，具有明显的干栏式民居建筑特征（图1-13）。

图1-13　海南黎族干栏船型屋建筑（图片来源：作者自拍）

2.地居式船型屋

海南黎族民居建筑形式之一的船型屋，从"干栏"式船型屋演变为地居式船型屋，是黎族传统住宅建筑形式自身演变过程中的又一个重要阶段。这次改变是黎族传统民居建筑脱离原始形式，走向现代的重大进步。地居式船型屋是将"干栏"式船型屋的栏脚去掉，直接在平地建造而成的。因此，它基本保持了"干栏"式建筑的痕迹。无论是高脚，还是低脚的船型屋，地板下面都是架空的，这对高温多湿的海南气候无疑是比较适合的。但过去黎族百姓的卫生条件较差，他们往往把污水、垃圾等污秽物从地板缝隙直接扫落在地面上，以致于架高的地面上经常潮湿且臭气熏天。因此，为了环境卫生和节省材料，以及其此后受汉族生产生活的影响，吸取了汉族置床而眠的办法来避潮祛湿，就将船型屋直接建在地势较高的地面上，这样也改变了过去住架空地板时席地而睡的习惯。从此"干栏"式船型屋就从"悬虚构屋"的形式演变成直接落地的地居式船型屋。而这种地居式船型屋，在随后发展中又出现了船篷顶盖与金字顶盖并存的现象，其顶盖两侧都一直弯贴到地，顶盖与檐墙合而为一。其内部一般由前廊和居室两部分组成，炉灶仍放在居室内（图1-14）。

3.半船型屋

无论是"干栏"式船型屋，还是地居式船型屋，其顶盖与檐墙是合而为一的，此时室内地面已不再是悬空的，但通风采光单靠前后门，效果就非常不理想。因此，黎族同胞吸取汉族居屋有檐墙的优点，将顶盖升起，这样有利于开窗疏气，也方便空间上的使用。于是顶盖与檐墙合一式的地居船型屋又逐渐演变成顶盖与檐墙分离式的所谓"半船型屋"的民居建筑。在地居

图1-14　海南黎族船型屋建筑
（图片来源：作者自拍）

式船型屋时期，就已出现船篷顶盖与金字顶盖并存现象，也可以说，"半船型屋"民居建筑的顶盖与檐墙分离，就是船篷顶盖与檐墙分离、金字顶盖与檐墙分离的形式。因此，金字顶与檐墙分离式船型屋，是黎族传统住宅建筑形式向仿汉族式住宅建筑形式过渡的产物。

（二）金字形茅草屋

金字形茅草屋不是黎族原有的，而是受汉族文化影响的结果。民居形式基本按照当地汉族民居形式而建，将船型屋顶演变成金字顶屋。以往的"干栏"式民居建筑是不开窗户的，金字形屋则开有窗户，采光也比过去好。其特点是整个屋子呈长方形，屋顶用金字顶代替圆拱形的船形顶，屋檐较高，这对开门、开窗很有利。金字屋是由前廊、生活室（也叫过厅或客厅）、卧室和厨房组成，正门在屋前方，有单间、双间、三间、四间和庭院式等多种形式，居室面积和结构形式根据居住者的经济状况、人口多少和生活水平而定。

值得一提的是，黎族各支系民居建筑从传统的船型屋演变成金字屋，其过程并不是同步的，也就是说不是等到黎族各支系的各式传统住宅普遍演变成金字顶与檐墙分离式的船型屋（过渡形式）之后，才开始进行全面改良的，而是根据各自族群的发展状况以及受汉文化影响程度来决定的。如聚居于沿海地带的陵水、崖县等地的支系，由于受汉文化的影响较深，民居建筑很早就已基本仿照当地汉族住宅形式，改建成了金字屋。而地处偏远的五指山地区直到中华人民共和国成立后才普遍加入仿汉式住宅形式的行列，开始出现以仿汉式住宅建筑为主的黎族新村。因此可以说，仿汉式金字茅草屋是黎族传统住宅建筑脱离原始形式走向现代的重大演进（图1-15）。

图1-15 海南黎族金字屋建筑
（图片来源：作者自拍）

（三）砖瓦房

砖瓦房是黎族人民在党和政府的关怀下兴建起来的。随着海南经济的迅速发展，黎族人民生活水平不断提高，各个地区陆续兴建了一些砖瓦房民居建筑。这种住宅多是采用拼联组合的形式，有二三户拼联至多户拼联等几种形式。黎族住宅建筑的汉式砖屋化，将成为今后黎族住宅建筑形式演变的总趋向。

海南黎族传统住宅建筑形式演变发展主要有3个阶段：第一阶段，以黎族建筑自身的演变发展为主，后期是黎族民居建筑吸取汉族民居建筑形式的过渡阶段；第二阶段，以仿汉族民居建筑形式为主；第三阶段，砖瓦房受外来民居建筑形式影响而发生变化。在海南黎族民居建筑的发展过程中，黎族文化与汉族文化不断交流、融合，黎族文化的原来面貌受到汉族文化的影响是不可避免的。无论是船形，还是金字形茅草屋，都是黎族传统民居建筑史上具有时代象征意义的重要标志。虽然随着时代的发展，茅草屋即将结束它的历史使命，但是，在改造茅草屋的同时，也应把具有代表性的黎族传统民居建筑形式作为民族文化的典型符号加以修缮保护。政府应加大投资力度，形成完整有效的保护机制，切实为后人保留下这份民族文化的珍贵财富。民居建筑，是民族文化、生产生活的重要组成部分。海南黎族传统民居建筑在过去社会生产力发展水平和自然环境的制约下，表现形式较为纯朴，建造手段相对简单。但作为民族文化的重要组成部分，探究和追溯海南黎族传统民居建筑艺术对我们了解海南黎族地域特色文化依然有着非常重要的作用，也为开发海南黎族特色乡村民宿提供了典型的设计样式。

海南黎族传统村落
与民居建筑

第二章

海南黎族传统村落独树一帜的形态生成与该地的自然环境有着紧密关联。黎族先民聚居的地方多为深山，天然的热带雨林区不仅降水量充沛，且气候温润、日照时间长，这种适合生物繁衍生息的气候环境孕育了黎族人随遇而安、因地制宜的朴实性格，培养了他们依靠自然环境生存、热爱自然环境的习俗。几千年来，黎族传统村落始终深隐山林之中，彰显出一种不索取的宁静致远的魅力，正如庄子所描述的那样，"朴素而天下莫能与之争美"。海南黎族传统村落的朴素在于整体环境的自然协调性，建村时不动土方，依据地势走向排布民居住宅，建筑材料取于自然，与山野环境融为一体，从生态和视觉两方面达成与环境的契合。

黎族传统民居建筑更是朴素的代表，也是黎族社会原始审美的雏形。《岭南丛述》中记载"朱崖人皆巢居。……今黎俗住木栏是也"，其"居室形似覆舟，编茅为之"，由此可见，黎族传统民居雏形是由巢居文化演变而来的。黎族传统民居所使用的均为自然材料，功能性大于装饰性，因此，其外观无论是形态，还是色彩，均与自然环境融为一体，简洁朴素。而且黎族先民在营建之时依据自身生活习惯会增加一些便于日常使用的构件，凸显出颇具生活气息的建筑情感。

第一节　海南黎族的传统村落

黎族传统村落具有物理形态空间和非物质的情感形态空间，二者结合形成了黎族先民的生活百态。海南黎族传统村落的发展受到气候环境、地理位置以及文化交流等多方面因素影响，其中最为主要的是受原始社会生产水平的制约。受地域性因素的影响越多，其村落展现出的本土特征就越丰富。海南黎族传统村落有着明显区别于内陆的文化特色，这种文化差异进而对其村落形态、民居形式、生活习俗产生影响，彰显出较强的环境适应性。

一、海南黎族传统村落的形态特征

黎族传统村落在黎族方言中被称为"番"或"抱"，是村子的意思，从目前海南为数不多的黎族传统村落调研得知，不同方言的黎族传统村落形态各有不同，借助田野调查与文献检索可以大致总结出一些相似之处。

（一）黎族传统村落的分布特点

因黎族祖先不断向无人居住的深山中迁徙，因此海南中部海拔较高的五指山、鹦哥岭、霸王岭区域成了黎族先民主要驻扎处。为方便村落驻扎，他们通常会选取地势平坦的山地或丘陵。因海南内常年日照时间长，且降雨充足，故村落选址是呈零散分布的，依据与水源的远近、自然材料的丰富程度来决定。也有部分地区如昌化江中下游地区会存在人口集中的大村子。经过田野调查和查阅资料后，发现在海南全域范围内，均有黎族村落分布，除沿海城市外，中部山区、山涧、河谷均有人烟。

由于海南省内地势中间高、四周低，且海拔较高处有多座山岭起伏，因此造成了中部山区密集的河流网络，且无法汇聚成规模较大的水系，进而导致平坦的耕地面积较少，且有限的灌溉能力也制约着田地的面积。在这种情况下，黎族传统村落往往根据水源和耕地寻找落脚点，那些越是人烟稀少的地方，聚居的黎族先民就越多。《诸蕃志·海南》中曾有"数百峒"的数量形容，由此可见，宋朝年间山野之中黎族村落数量之多。

"黎峒"是黎族村落的上位概念，加之人居区域和耕种区域，往往一个黎峒占地面积较大。德国人类学家史图博在《海南岛民族志》中写到，当走入黎峒调查时，虽然知道是黎族村民聚居区，但有时候走上一天也看不见一个村子。《黎族社会情况调查》中也记载陵水及其周边等海拔较低的区域因地势较低且盆地居多，因此可供耕种的土地面积更大，黎族先民在此聚居的情况就更为集中。山区之中则相反，有限的耕地使得村落分散，无地可耕的黎族先民只能到别处寻找生存场所。

因地处深山之中，黎族传统村落被大片的棕榈树林围绕，同时还有大片的阔叶林和灌木丛，形成天然的植物屏障。村内的布局形式并未有意识地规划布局，建筑朝向多用占卜的方式确定，建筑数量随着人口的增长逐层向外递增。在等高线密集的地方，建筑通常会沿着等高线建造，间距疏密不一，因此村内道路也是自然形成，蜿蜒曲折。

（二）黎族传统村落的选址特点

村落选址需要考虑的是长期生存的问题，那么生活生产需求就成了最为关键的考量因素。黎族原始社会的农耕经济需要有水源、植被、耕地等充分必要条件，因此黎族村落会选取在靠近水源的山麓地区，形成一种背靠山、面对水、水绕田的村落格局。这种选址策略既满足了耕地需求，同时靠近溪流，能够解决日常生活用水以及灌溉用水，还能为渔猎场所提供丰富的食物来源。背靠山的选址意义在于利用山上丰富的自然资源，山上树木既可为柴，也可为建筑材料，植物采摘、动物狩猎等都是繁衍生息必不可少的。

黎族传统村落区位的选择关系到日后村民的日常生活及农业生产，因此最为重要的考虑因素就是可供耕种的土地以及灌溉和生活用的水源。海南山区植被丰富，山林之中的植物也是其关注点之一。在满足以上条件后，为了保证村民平安生活、安心繁衍，还需考虑该地是否有野兽出没、是否会被外人打扰等，因此，通常会考虑被山体半包围的心理安全空间。具体可归纳为：①耕地优先原则。村落应选在平坦区域或带有平缓坡度的山地处，可种植水稻、杂粮等作物；②水源优先原则。除了耕地外就需要选择靠近溪流或山涧的位置，便于日常生活用水，也可通过渔猎的方式捕捉鱼虾作为食物；③选择合适地形地势。村落应建立在具有较小坡度的山地上，因黎族传统村落用明渠排水的方式，水沟暴露在村内地表处，坡度能够较好地引导水的流向，达到排污的目的。另外地势需较高，相对干爽的环境能够有效延长住宅的使用寿命，对人身体健康也有一定益；④周遭环境需要安全。山区中野生猛兽数量较少，但仍有野猪、猴子等会对村落内农作物造成破坏，此外部分地区也存在着一些迷信传说。为了避免这两种情况发生，黎族先民会事先了解区域后再进行建村的工作。

（三）黎族传统村落的类型形态

原始宗教的产生源于落后的文明，先民将无法理解的自然现象以及原始的生存观念内化为宗教的意识形态从而影响生活日常。由此可见，宗教信仰最初来源于自然环境因素。海南黎族传统村落的区域选择正是对自然环境的选择，传统的宗教观念在这一过程中起到作用，他们也会展开一些巫术占卜或原始堪舆学的测算行为，综合考量影响村民的生存舒适性的种种构成因素。因此黎族传统村落的选址虽然带有一定的宗教色彩或玄学观念，但在本质上是对自然环境的敬畏之心。

选定村落地址后，黎族先民还会考虑村内民居建筑的定位和布局，虽然没有明确的规划意识，但是原始时期的黎族先民就已经有了不动土方的环境保护意识。黎族传统村落中的民居多会将檐墙沿着等高线的走向进行布置，上下层有较明显的高差，形成上下错落的视觉层级感。房屋内部根据需求用泥土墙或木板进行分隔，划定生活和公共区域。民居住宅的周边均会种植树木，而有的村民会将民居山墙一侧倚靠树木而建，随着树木的生长也会为房屋遮风避雨，他们称"柴祝"，这些因素使得黎族村落与自然融为一体，体现出高度的环境适应性。

这种村落的形成并非一蹴而就的。远古时期黎族先祖对村落的规划概念尚处于模糊阶段，随着生活经验的不断累积，无序的村落环境的弊端逐渐显现，在多次演变后才有了今天秩序性较强的黎族村落，这是黎族先民智慧的体现，同样也是尊重自然的必然结果。

基于建立位置的不同可将黎族村落分为3种类型。

1.山地村落

山地地区的黎族村落多位于山麓地区或山腰处。山地地势具有落差，黎族民居沿着落差所呈现出的等高线进行布局，平行于等高线的走向横向建造房屋，因此整体上看黎族村落是随着地势落差层叠而生。根据不同山地形状，又分为两种，一种是向外突出的山脊，另一种是内凹状的山坳。两种形式的地形均有黎族村落分布，部分村落还存在着垂直等高线设置的"干栏式"建筑，一侧位于地表，另一侧则架空。

整村均是"干栏式"民居建筑的情况较少，此种民居形式就使得村内在每一层的连接处需要设置台阶供人上下，村落的视觉层次感更加丰富。后随着落地式船型屋的普及，干栏式建筑不再供人居住，而是作为饲养家禽牲畜的处所。这类建筑能够缓解一定的用地紧张问题，底层架空的形式与秩序感较强的民居建筑形成虚实对比，视觉效果丰富。

因黎族传统村落明渠排水的关系，村内多水沟，这些水沟围绕着每一户民居布局，远处看以地面的线条感构成了村落独特的视觉变化。

2.背山临水村落

除了山地地区，还有一种是背靠山地、面向水源的村落，此种自然资源组成模式是最适合村民居住的。自古以来人们都乐于选择背山面水的区域用于居住，利用山体作为物理及心理上的"靠山"，可抵御台风，也有开阔的视野，水源供给保证日常使用无后顾之忧。

背靠山体与在山腰和山麓处建造村落相同，应当选择等高线向外凸起的阳坡，这样可保证充足的日照时间，同时为了满足用水需求，村落可以尽可能往前推进靠近水流边缘。这样的布局形式通常使得村落呈带状分布，一方面根据山坡地势走向，另一方面沿着河流走向，因此同一个村落会出现较为曲折的平面格局。

3.地区平坦开阔村落

平坦开阔的村落多位于沿海地区较低的地势之中，这种村落受到汉族传统民居文化影响较深。以陵水黎族自治县来说，较为常见的民居住宅都会围合成院落，民居建筑朝向受坐北朝南的观念影响。院落和院落之间的墙体几乎平行，民居建筑因朝向一致也多为平行状态。院落内部设置成中式庭院风格，铺设红砖，在这一区域内可进行谷物晾晒，也可放置大型农具。一般院落都会有较为宽阔的前院或后院，为后续扩建保留空间。

这种布局形式和院落规模均位于人口较多的大村，如美孚方言地区的一个黎族村人数多达三四百。这种形式的村落与山野之中的黎族传统村落差异性较大，但规划合理且有明确的主干道和次干道，地势有高差的地方房屋也会沿着等高线平行布置，外墙保持平行。这一类黎族村落卫生条件较好，人均居住空间增大。

综上所述，黎族传统村落的形态大部分取决于其民居住宅的布局情况，而民居住宅又受到村落选址的影响，进而形成了村落（生态）、民居（形态）、选址（情态）3个方面的综合影响。黎族先民的生态意识最强烈，敬畏自然的他们遵循着因地制宜的原则积极进行物我关系思考。民居的形态上注重与环境的紧密结合，不仅从材料上与自然相贴合，民居的朝向和布局也顺应地形地势，形成了自然灵动的建筑格局。选址则是综合了人与环境、人与建筑、建筑与村落之间的复杂关系，以共生为基础达成统一。

（四）黎族传统村落的结构关系

黎语中将姓氏称为"番茂"，"番"即黎语中村寨的意思，同一个"番茂"是一个村子中的人具有血缘关系，他们通常聚居在一起，是现代概念中的一家人。

历史上人们将海南称为"瘴疠之地"，均对此处神秘环境感到畏惧，正是在这样恶劣的自然环境孕育海南黎族先祖们互帮互助、一方有难，八方支援的集体意识，随后也产生以血缘和亲缘关系为基础的合亩制社会组织形式。中华人民共和国成立以来，我国科考队针对海南省各乡村的村史县志展开了收集与整理工作，位于海南五指山的毛道乡的7个村落虽没有直接血缘关系，但追溯其历史发现，这7个村的村民的祖辈最初是一个合亩中的人，随着岁月的发展和几代人的努力，这7个村共发展出了13个合亩，由最初的1个合亩整整翻了十余倍，且这十三个合亩中混合关系的数量占到了10个，是黎族原始社会逐步进步和开放的表现。

正如前文研究的那样，最为原始的合亩制是建立在亲属关系基础上的大家庭，但这并不利于黎族原始社会内部的繁衍和规模扩大，随着黎族先民不断更换其村落位置以寻找新的耕地，对外部村民的吸纳是必不可少的，由亲属关系的合亩转变为混合关系就成了顺理成章的事情。黎族社会将参与到合亩中的人称为"龙仔"，正是这些外来的种姓人群打破合亩中一成不变的血缘链条，经过几代人的繁衍和融合，合亩的规模就此扩大。外来人群如果想参加到合亩中来，必须举行当地的仪式，进而和当地民一起生存繁衍，有了一定亲缘关系的联系。按照现代社会来看，这种外来户有着"领养"的性质，随着黎族社会发展，也有外来户不需认祖加入合亩的亲属关系中的情况发生，后者仅仅是一种基于信任的地缘关系。无论是哪一种情况，外来户在经过了几代人的繁衍后，部分会选择从原合亩中脱离出来，与自己的直系亲属组成新的合亩，这种血缘关系在不断的拆分和重组中逐渐被地缘关系所取代。

二、海南黎族传统村落的空间环境特征

黎族传统村落是既黎族同胞赖以生存的家园，也是其精神文明的寄托。黎族先民通过自身对自然环境的了解以及对自然物料的功能挖掘，以最原始的手工技艺创造出了极具地域特色的住宅场所，以较强的实用性以及与自然环境的协调性向人们展示了人居生态的和谐关系，这是当下研究人居环境的典型案例。

（一）黎族传统村落的布局形态

1.平面形态布局

黎族的合亩制是建立在血缘基础上的，一个宗族正是由多个小的合亩家族构成，这些家族与其他家族之间并非毫无联系，在同一个宗族的亲缘系统下，会形成较为复杂的关系网络，进而对其村落的平面布局形态产生影响。

因原始社会制度的关系，同一宗族的人们会聚居在一起，血缘关系越近的可能居住的距离就越近。黎峒因各个村地理位置的趋近性，姓氏有集中分布

的趋势，并不存在一个黎峒内有且仅有一种姓氏的情况。由此看来，黎族的宗族概念是从地区范围内来评判的，并不是广泛分布。种种关系进而影响到每一个村落甚至每一个合亩中的村落布局和建筑分布，同一家族的人均处于一个合亩中，而"亩头"又是这个家族的大家长，因此其住宅就是整个村落较为中心的存在，且与其他各个住宅相连。这种邻里之间的相互帮助不仅仅基于对"亩头"身份的尊重，更基于对血缘关系的认同。每当村中的少年需要成立新的家庭时，他们就会从父母的家中搬离出来，通常会就近选择老宅附近建立新的房屋，若没有多余地方则会选择在村内其他空地处。也有较为贫困的黎族家庭，在老宅中砌墙一分为二，并在两侧开门形成两个单独空间。由此可见，黎族先民是以血缘关系的远近决定住宅距离的分布，即使是零散在山间的民居住宅，实际上也有着看不见的血缘和亲缘关系将他们联系在一起。

2.垂直空间形态构成

黎族传统村落的空间也有着纵向的垂直形态，其高度通过层叠的茅草顶呈现。黎族先民长期从事着农业生产活动，因此土地是不可替代的重要资源，黎族先民会在深山之中尽可能地选择空旷平整的土地用于开垦农田，有一定坡度的山地则用来营建民居住宅，以保证充足的农业用地。基于黎族传统文化中顺应自然的观念，他们不会去填挖土方，加之劳动力匮乏也无法对自然生成的土地进行改变，因此多依照地形特点建造民居建筑。即使是有能力填上找平的大户人家，也会在传统民居文化的影响下对自然环境采取敬畏的态度。如此一来，房屋设置在坡地每一层相对较平缓的位置上，往往上一层建筑的地平面与下一层建筑的屋顶在同一水平线。远远看去，黎族村落层次分明，不仅格局通透、错落有致，也更便于雨水排泄以及日晒通风。

沿海地区的平原或丘陵地带的落差显然没有山区明显，仅存在局部起伏的情况，这并不影响村民在此基础上建立住宅。近代出现用水泥夯实基座，在基座上营造房屋的情况，然而到了雨季，坑洼的地面会积水形成泥坑，出行多有不便。

黎族传统村落及民居建筑不同于我国西南地区的其他少数民族，如云南地区的傣族人民会在民居建筑上建造鼓楼或塔尖，在纵向上进行装饰构造。黎族则是从水平方向出发寻求落地的踏实感，自黎族传统民居建筑由"干栏式"建筑降低高度落地后，它与自然环境之间的关系十分密切，也是人居环境对自然资源需求的物理载体，无形中体现出中国传统文化"天人合一"的哲学理念，加之茂密的热带雨林，低矮的民居建筑与之形成高低错落对比，视觉效果丰富。

（二）黎族传统村落的空间构成要素

黎族传统村落通常由自然环境构成边界，形成领域范围，在这一范围内除了黎族传统民居住宅外，还有数量较多的附属建筑，如谷仓、牲畜栏、鸡笼、储物栏等，较少村落还设有土地庙。

1.边界空间

黎族传统村落通常会将环状或线性围合的自然元素作为村落的边界，有竹林、河流、灌木丛等，并在入口处设置较为明确的主入口，多用石头堆放、种植树木、建设寨门等方式作为标识，村落边界不设立标志性建筑。

（1）防御工事。因位于深山之中，居住环境的安全性是黎族传统村落建设首要考虑的因素之一，因此，黎族先民会在村落周围种植带刺的植物，形成具有一定厚度的低矮围挡，并在适合的位置开设入口供村民出入，门口也会放置大量的竹竿或木条，可以在紧急情况下将入口封闭。也有史书记载，黎族因久居深山，会用竹材围合成村落，建筑依靠树木营造，并搭建楼板形成架空结构，上面住人，底层饲养牲畜，这形容的即是"干栏式"民居建筑为了防止夜晚野兽来犯或者是牲畜逃窜而采用的管理方式，晚上还会派驻村民轮流看守入口区域。

也有的村落会构建多层防御屏障，最外层以高大的竹林作为遮挡，中间一层会深挖宽度在2~3米的土沟，或者是用木柱围合村落形成围墙。因考虑到成本，较少出现砌筑泥土墙体的情况。村落内部阡陌交通，蜿蜒曲折且四通八达，与封闭的村落外围环境形成对比。

（2）村落主入口。村落主入口是黎族村落环境中较为重要的区域，它是连接村内和村外唯一的进出口，一些规模较大的黎族村落会在此处搭建竹木材料的大门或是坛台建筑作为标识，同时这也是村落自然环境景观的一个界线，用以有意识地划分自我领地。黎族先民会在村落主入口两侧种植刺竹，以此来形成对较为单薄的竹木大门的保护，村落大门因使用功能需要，只用考虑人员通过即可，因此只在关键地方开设面积较小的门洞。村落大门是一个村的"脸面"，在黎族先民的意识里，大门具有趋利避害、镇压邪恶、保佑村寨平安长久的功能。大门根据进入方式分为门闩、楼梯等几种，不同的村落各有差异。德国学者史图博如此形容黎族地区的大门——界线黎族人的村落周围都是竹林围成的防御设置，入口处狭窄且曲折，从竹林丛中穿过，途中设置有较厚木板制作的寨门，进过竹林后可以看见较为明显的防御工事——土沟。

每一个黎峒之间也有明显的区域划分，通常由溪流、树林作为界线分隔，如果没有这些，也会以堆积石头或埋牛角等方式代替。

2.内部空间

（1）布局灵活的道路体系。黎族传统村落在几千多年的历史长河中不断演进更新，形成了较为成熟的村落道路系统。黎族先民尚未形成对村落内部道路明确的规划意识，通常是按照便捷度优先的原则自行选择道路行走，因黎族传统村落中多为天然土路，道路穿插在民居建筑之中且不做硬化处理，故村内道路的生成随意性较强。黎族传统村落中的道路通常存在多种形式，最为常见的是平行于民居檐墙的道路，其次是与当地等高线相垂直或有交点的有一定坡度的道路。其他更加弯曲曲折的小路如鱼骨状分布在主路两侧，尤其是在坡度较大处更为密集，甚至出现了较为合理的"之"字形上坡路。此种道路分布方式能够让村民任意穿梭在村落内部，不需要严苛按照某一条特定的道路到达目的地，让村民在村内行进时灵活自由并且能够较好地处理村内的地势高差。此外黎族传统村落中因"干栏式"建筑的遗存有着道路从建筑底部穿过的情况发生，因黎族传统民居建筑通常低矮狭长，此种做法让道路从建筑下穿梭而过，在不影响建筑面积的情况下保证了村内交通的流畅性，是较为科学的做法。这种布局通常出现在地势有较大高差的位置，建筑能够通过岩板搁置，且下层高度能够供成年人弯腰或低头通过。

（2）村民活动广场。中华人民共和国成立以来，不少少数民族研究机构对海南黎族传统村落的构成形态及原始社会形式展开研究。在对白沙黎族自治县下辖的村寨进行田野调查时发现，村内在空余的地方设置了一处广场，广场四周有类似木柱的物体，柱与柱之间不设墙体，广场的周围放置供村民休憩的木板座椅。这一较为特殊的区域在文献中记载为黎族村落的活动广场，又称为"集会场"。

由于黎族原始社会并不普遍信奉某一种宗教信仰，一般而言，作为村落核心的庙宇建筑在黎族传统村落中出现较少，黎族先民供礼拜和朝拜的场所多建立在对祖先鬼的信仰上，因此祭祀活动都会全村参加，面积较小的室内庙宇显然不具备容纳多人祭祀的条件，他们会前往集会场，利用此处开阔的空间进行祭祀活动。也有村落会另在村内较为核心的地方设置专门的祭祀用场所，但因使用频率不高，开阔地也常被用于晾晒谷物。

（3）配属建筑——谷仓、晾晒架、牛栏、猪舍、寮房、土地庙。黎族传统村落中除了供人居住的建筑外，还有大量民居配属建筑，用以辅助村民日常生活，如谷仓、晾晒架、牛栏、猪舍、寮房、土地庙。最为常见的谷仓通常是位于地势较高且向阳的地方，牲畜饲养区域和寮房多布置在村落边缘。这些建筑的位置选定多以其使用功能来决定。

①谷仓，是黎族先民储存粮食的空间，清朝张庆长在《黎岐纪闻》中表述道："黎人不谷，收获后连禾穗贮之，陆续取而悬之灶上，用灶烟熏透，日计所食之数，摘取舂食，颇以为便"，形容的便是黎族先民习惯将收获的稻谷储存起来，后又有"取稻仅取穗梢，结之成束，悬晒竹壁，而储于仓，逮食时始脱穗焉"，意为将稻谷储存至专门的名为"仓"的空间中。谷仓一般位于村内地势较高处。虽每家每户都有谷仓，但是他们并不混用。

谷仓根据其墙体材料不同分为两种，一种的墙体是由泥巴与竹木骨架构成,另一种则是直接用适合大小的木板围合而成。两种材料的谷仓在形制上几乎一致,屋顶样式延续了船型屋圆拱形的造型且在上面铺设茅草,底层均有不高的架空空间,4根承重柱的底部也放置有隔绝地面水汽的垫脚石。为了增强谷仓底部的承载能力,黎族先民会在谷仓底部放置石块作为支撑,底层架空的方式有利于防御蛇鼠虫蚁。现如今保留下来的谷仓与原始谷仓形态基本一致,底部多了地台,也出现有金字顶的谷仓。谷仓的入口低矮,可供一成年人跪姿出入。

②晾晒架。常用于晾晒谷物或茅草等生活物料。原始时期,晾晒架作为公用设施建造在村内空余区域,到了近现代基本每一户民居旁都会有晾晒架。晾晒架的构造十分简单,用两根圆木保持一定距离后插入地下,再垂直于木桩固定横向的木条,这些木条就可以供稻谷和麦穗悬挂。也有在横向木条上搁置木板后放置茅草或柴火的情况出现,为了防止雨水打湿晾晒物,会在晾晒架顶部设置有斜度的茅草顶。

③牛栏。黎族的先祖有着漫长的渔猎生涯,但随着迁入深山中后,农业种植成了稳定且长久的生存方式,大型牲畜的养殖是日常民生的重中之重。黎族先民主要饲养的牲畜有牛、五脚猪、黑山羊、鸡、鸭、鹅等,与单纯地为了食用或交易不同,牛作为黎族原始社会十分重要的物质资料,有着更为广泛的用途。黎族先民会用牛来耕种土地,利用牛的体重对土地来回踩踏达到松土的目的。此外牛也是黎族社会财富多寡的象征,因此黎族将牛作为崇拜的一种对象,有专门的庆典节日——牛节,以求五谷丰登,风调雨顺。牛的饲养区域为牛栏,白天黎族先民会将牛放出牛栏,自行前往山间进食,傍晚时分赶回牛栏。牛栏的构造相对简单,多以竹木材料作为栅栏围合成圆形或矩形,高度在1.5米左右,由藤条或者是竹片填补栅栏之间的缝隙。牛栏的大小一般根据村民饲养牛数量多少来决定,通常10平方米左右的牛栏可饲养1~2头牛。

④猪舍。相较于牛栏,猪舍的设置区域较为考究。黎族先民有意识地将猪舍设置在地势稍高的位置,且将猪舍底部通过少量填或挖土的方式保证其坡

度，利用这一坡度，方便日常清理猪舍时粪便的冲洗。猪舍的做法是用4根承重柱固定在坡地上，形成围合矩形的4个角，后用木棍直接横向围合，与木柱衔接处用藤条绑紧，猪舍顶部搭建屋顶并铺设茅草，屋顶的斜度与地势坡度相反，以保证雨水能够流入猪圈完成粪便的冲洗。

⑤寮房。黎族传统婚恋秉承着自由的理念，年轻男女谈情说爱需要有一个特定的场所，"布隆闺"就是为黎族青年提供恋爱空间的建筑物，也被称为"寮房"。这些建筑一般建造在村落较为边缘的位置，屋内空间较小只够放置一张床铺，并不设厨房，因此，"隆闺"并非供给村民长期居住。也有部分"隆闺"面积较大，可供多人聚会玩乐，内部没有隔间区分其他使用区域。由此可见，"布隆闺"实际上是黎族青年男女求偶定情的建筑，是黎族自由婚恋观的一种外化形式。据文献考证得知，黎族女孩在14岁左右就需与父母分房而睡，此时青年男子需要自行建造"隆闺"，女方由父母帮助建造"隆闺"。中华人民共和国成立后，一些旧习俗逐渐被废除，随着黎族村民住进砖瓦房，其婚恋习俗已经与汉族接近。

⑥土地庙。土地庙是海南村民供奉的地方神明，也被称为"土地公"。因黎族较为落后的生产力，土地庙仅用大小合适的石头堆叠而成，以3块扁长的石头作为半包围的墙体，通常放置于村内最古老的树木下方。

（三）黎族传统村落环境的审美意识

黎族传统村落不仅是一种自然空间，更是一种文化空间，其村落的构成除了彰显出独特的民族智慧外，还能凸显出黎族先民最为原始的审美意识。黎族村落坐落在山野之上，层层堆叠的建筑造型从远处看如同布置在山间的巨大斗笠，顺应着山势依次排列，沿着等高线或密或疏的分布均使得黎族传统村落与山体适应性极高。加之黎族传统民居的屋顶多用茅草，经过晾晒后的茅草与背景的山色融为一体，墙体的黄泥避免了建筑过于统一的颜色，在蓝天和白云的衬托下形成极为统一和谐的整体。即使没有高差的地势，黎族传统村落也因没有过高的建筑物而显得秩序感较强，平面上看却又不缺乏自由和洒脱的灵动感。

　　黎族的先民在黎族特定的地域空间、社会环境、文化形态中创造出了独具特色的黎族村落环境。从审美的角度看，原生性的自然环境是孕育生态美的土壤，并且展示了黎族环境本有的生态美，对于人居环境美学而言，绿色生态环境不仅为它提供了内容和形式，而且示范了生态美的形态，并为其指示了发展方向。黎民族的居住环境和生活方式最能体现人与自然和谐共生，崇尚自然、质朴、简单、符合自然序列之美，是黎民族看待周围事物包括自身的基本准则，也是黎民族与环境生态审美关系的最重要特征。同时，黎族村落的历史脉络、文化脉络的延续和继承，往往也是与自然景观同步的内在因素，是规划设计思想的灵魂。

第二节　海南黎族的民居建筑

一、海南黎族民居建筑的形态特征

　　远古时期的黎族民居建筑现在已经无从考证，只能从古籍中查阅相关资料。北宋时期的《太平寰宇记》中记载："有夷人，无城郭，殊异居。……号曰黎，巢居深洞"。也有描述黎族先祖居住在深山中的生活状态，他们加工树皮作为衣服，采集木棉纺织为被褥等。生黎的聚落则更加深隐于山林之中，除他们族人之外，其他人很难寻觅到他们的踪迹，且生黎多延续"巢居"的住宅形式，借助粗壮的树干树枝搭建民居建筑，是"干栏式"建筑的早期存在形式。海南保亭黎族自治县的一处遗址中发现承重柱在地面上留下的坑洞，经过分析得知确是"干栏式"建筑。

　　"干栏式"建筑也被称为"麻阑"，是我国岭南地区较为常见的一种传统民居住宅形式，它最原始的雏形就是"巢居"，是我国西南部独特的气候环境下各族人民生存智慧的体现。《新唐书·南平僚传》中记载："土气多疹病，山有毒草及沙虱蝮蛇，人并楼居，登梯而上，号为'干栏'"，意思就是底层架空的楼居建筑，从此隔绝土地上的湿气以及蛇鼠昆虫等对人体有害的生物，架空的区域饲养牲畜。此外，《桂海虞衡志·志蛮》中也如此描述道："居处架木两重，上以自居，下以畜牧"，同一时期的《诸蕃志·海南》记载："屋宇以竹为棚，下居牲畜，人处其上"，这种住宅形式延续了多个朝代，在历史发展的过程中，古人对黎族"干栏式"住宅有了更加深入的探索和认知。明朝时期的古籍《广东通志》记载："珠崖人皆巢居……今黎俗主木栏是也"，珠崖即是封建统治者在海南设立的郡县，黎族人的住宅主要是木架构的高栏建筑。顾玠在《海槎馀录》中对"干栏式"建筑的细节和用途进行了更加详细的描述："凡深黎村，男女众多，必伐长木，两头搭屋各数间，上复以草，中剖竹，下横上直，平铺如楼板，其下则虚焉。登涉必用梯，其俗呼称'栏房'，遇晚，村中幼男女尽驱而上听其自相谐偶"。这一时期对"干栏式"建筑的记载更加清晰具体，包括其前期的营造方式和村民归家时需要攀登梯子的状态。

清朝时期，黎族先民的民居建筑由"干栏式"建筑逐步转变为落地式建筑，且出现了以船型屋为代表的地域特色建筑形式。由于圆拱形的屋顶使得船型屋如同一艘倒扣着的船体，也常被人们称为"舫屋"，此种建筑形式与黎族长期以来的渔猎习俗有关。船型屋的特点是呈狭长的矩形，主入口设置在较窄的山墙一侧，屋顶因独特的结构呈圆拱形。古有"干栏式"船型屋，也被称为高脚船型屋，后逐渐降低高度出现脚船型屋和落地式船型屋。屋内设施单一简洁，厨房在入口处的一侧，通常用3块石头呈"品"字形放置，在其上烧煮食物。

（一）船型屋的构成要素

从平面上看，船型屋最为原始的形态是一个较为狭长的长方形，入口开设在两个短边之上，建筑高度较为低矮，因此从侧面看，屋顶和建筑的墙体是重叠在一起的。船型屋的屋顶是用竹片、树干、藤条组成的圆拱形骨架，上面铺设有成捆的茅草，因此远看犹如船篷的形式。根据船型屋是否离地且距离地面高度不同可分为"高栏"和"低栏"。船型屋因为不设窗户因此采光较差，通风采光均只能靠楼板缝隙或主入口进行。

基于以上基本概括，对船型屋的研究应聚焦至建筑的屋顶、墙体、楼板、入口与空间尺度。

1. 屋顶

黎族船型屋的屋顶地域特征最为明显，其圆拱形的骨架得益于架设在横梁之上的竹片，竹片具有较好的韧性，可在一定程度上弯曲成弧形并将其固定在三根主梁之上，再在竹片上垂直放置木条和细小的树枝，形成经纬交错的网格，最后铺设茅草作为屋顶。

2. 墙体

因水泥砂浆和砖头等建筑材料在近现代才传入黎族地区，原始的黎族船型屋的墙体材料多为自然材料，其墙壁的承重性能较差，通常不作为楼板踩踏使用，仅作为建筑的围合。墙体内部一般会事先制作好骨架，以便泥土的附着。常见的骨架搭建材料有竹材和木材，用粗壮的竹子或圆木排列伫立在泥土中，再用细小的树枝和竹片横向固定其上，形成经纬交叉的方格网，在空隙较大处也可以增设横向或纵向的支撑体。完成骨架后就可以在其两侧涂抹黄泥，黎族先民会在黄泥中混合草根和细小的树枝，这样一来能够增强泥土的黏性，干燥后墙体质感也更加丰富。为满足美观需求，黎族先民会在主入口墙体顶部与屋顶连接的地方用藤竹材料编织成遮挡，避免了整面墙全是泥土的单一视觉效果，还能起到一定的通风作用。

3. 楼板

黎族传统民居建筑的楼板是针对"干栏式"建筑而言的，会铺设具有一定弹性的整根竹子，并在适合的地方设置横梁进行支撑。落地式建筑则是以地面的形式出现，通常不在地面上铺设其他材料，在建造之初会夯实地面，也有一部分船型屋为了防止雨季雨水倒灌进屋内，会在民居底部堆砌一个15厘米左右高的地台，找平后再在其上营造建筑。

4. 入口

船型屋的主入口通常设置在山墙的一侧，尺寸较小仅仅能通过一名成年人，因山墙宽度的制约，主入口的宽度在70厘米左右，身材稍高的男性需俯身通过。

5.空间尺度

古时黎族先民生活拮据，落后的生产力和农业技术使得他们不得不经常搬迁村寨以寻求耕地，民居建筑通常在使用一段时间后就会被遗弃。因此出于成本及建造难易程度考虑，船型屋的高度一般较为低矮，房屋内部最高处不过3米，由于屋顶呈圆拱形，屋内两侧空间的高度最高不足两米，因此原本就狭长的室内空间显得压抑且局促。

正是因为如此简洁且成本较低的住宅形式，黎族人均能掌握其营造工艺，这也是船型屋使用寿命较短的原因之一，需要村民频繁更换建筑材料。因都是天然采集而来的木材，故黎族传统村落中容易引发火灾。

（二）船型屋的平面构成

1.单间的平面

从平面布局来分析船型屋能够了解黎族先民的日常生活状态。从平面上看，黎族船型屋多分为两个主体空间，分别是前室和卧室空间。这种形式的成因综合性较强，黎族所处的环境气候温润潮湿，前厅靠近主入口，既可以不被太阳晒伤，又能有一定的通风。黎族传统民居文化中是不在民居建筑上开设窗户的，需借助入口处的光线从事一些手工业劳作，因此前厅是较为重要的构成空间，其形式也不仅仅一种。除了在入口处室内的一侧区域外，还有在船型屋主入口山墙处搭建门廊形成半户外区域的情况。门廊顶部有遮阳用的屋顶延伸构造，此处不仅能作为交流、休憩的空间，还能晾晒谷物，墙上悬挂一些小型器具等。卧室区域则比较私密，是睡觉、储藏贵重物品的场所，故位于船型屋的最深处。

2.带有杂物间的平面

船型屋因体量大小不同而其室内空间划分也不同，除了前厅和卧室外，如室内空间还有富余村民会在卧室的更深处单独隔出一个区域专门储存食物和杂物，这种做法通常伴随另一侧山墙的小门出现，小门外会用木栅栏围合小型区域饲养家禽，并堆放一些大型农业生产工具。这种做法多出现在面积较大的船型屋之中，使用功能也更加多元化。

3. 多房间的平面

根据使用功能的不同，也可将室内空间复杂的船型屋视为多隔间的形式，这也是船型屋室内环境最为复杂的一种形式。相较于两开间和带有储物间的室内空间而言，多房间的平面格局会在前厅的一侧设置有小房，主卧室内也有分隔出来的活动空间和休憩空间。由于船型屋采光较差，多房间的平面格局室内环境更为昏暗。

综上所述，黎族船型屋根据体量大小的不同在平面布局上呈现出不同状态，黎族先民也有意识地划分功能区域以提高一定的生活水平。值得一提的是，这种平面布局方式不是一成不变的，随着繁衍后代，此种布局随着人口的改变而不断调整。

（三）船型屋的建筑形式

因居住在同一区域，受同一种族源文化及气候环境的影响，黎族传统民居具有较强的趋同性。然而黎族各方言区域的不同，加之受外来文化影响的差异性，不同黎族方言区的船型屋在不同时期也存在着一定差异，形成了一个自身发展到仿汉式改良的发展演变过程，具体形式有以下几种。

1. 高脚船型屋

高脚船型屋又被称为"高栏"，是指建筑楼板距离地面较高那一类船型屋类型，通常距离地面1.5~2米，底层架空部分可饲养中大型牲畜。一般情况下高脚船型屋营造在具有一定坡度的土地上，房屋一侧架设在地面，另一侧则依靠承重柱架设在坡上，底部形成三角形的空间，黎族先民会将这一空间用木栅栏或竹片围合起来用于圈养牲畜。有少部分地区的高脚船型屋营造在平地上，通常离地2米左右，下层空间同样具有饲养牲畜的作用。因为高脚船型屋底层架空的缘故，其平面布局在其房屋建成时就已经决定，不像落地式船型屋可以再向外扩展使用空间。村民需使用楼梯上下高脚船型屋，一般会在"高栏"的入口处设置一段距离稍短但可供人坐卧的门廊区域,用于黎族妇女从事手工业劳作或者晾晒谷物。入口处有前厅,厨房通常位于此处,再往深处布置的是卧房,根据建筑体量大小决定是否有单独的储物间。

2.矮脚船型屋

相较于高脚船型屋,距离地面高度较低的被称为矮脚船型屋,也被叫作"低栏",指的是距离地面1米以内的"干栏式"船型屋,这类船型屋因距离地面较近,因此无法饲养中大型牲畜,然而底部空间仍可作为小型家畜或家禽栖息乘凉的区域。矮脚船型屋形式的出现实际上是黎族原始社会进步的一种体现,底层架空的形式实际上保留的是隔绝潮气和抵御蛇虫的功能,大型牲畜已经有了独立的饲养区域,且黎族部落之间的械斗不再频繁。

两种形式的船型屋营造技艺相似,建筑主体均是由承重柱和横梁完成支撑,底层架高区域均是由多排木柱阵列摆放形成密集的承重网络,两种高度的民居建筑差异就在于这些木柱的高度。

3.落地船型屋

当黎族先民逐渐步入文明社会,对自然环境的了解达到一定程度,如何趋利避害就成为他们十分擅长的生活技能。因此"干栏式"民居建筑的最后几项功能也已失去实用性,伴随而来的只有攀爬上下的烦琐,并且底层架空的形式建造时人工成本较高,且不易于日常维护。善于利用自然规律进而改变自身生活状态的黎族先民们就尝试着将船型屋直接在平地上进行建造,部分地区会在平地上事先堆砌地台以防止雨水流入屋内。与"干栏式"民居建筑不同的地方在于,落地式船型屋可以扩展其山墙及檐墙处的檐下阴凉空间,通常用于存放农具或圈养家禽,因此落地船型屋的屋顶茅草出檐较长,有着较大的遮阳面积。

4.金字形茅草屋

黎族先民受到汉族传统民居文化的影响并非一朝一夕的,而是一个漫长的交流和文化沟通过程,正是这种非全盘照搬的阶段性文化吸收方式,使得黎族传统民居文化一方面保持着本民族的地域特色,另一方面借鉴了汉族较为先进的地方。金字屋是近现代才出现在黎族聚落中的民居形式，它与船型屋最大的不同就在于屋顶的形态上，其屋顶类似汉族歇山顶的立面形状，这种形式在营造方式上较船型屋简洁，最大的优点是室内纵向空间得到了扩大。金字屋同时也改变了主入口的位置，多设在檐墙一侧，这样一来室内空间由纵向狭长变为横向，更加利于空间的分隔和布局。金字屋延续了原始的建筑材料以及室内布局方式，厨房仍位于室内，墙体开窗情况较少。

二、海南黎族民居建筑的文化特征

黎族船型屋外观似船篷，或者是一艘倒扣的船身，因此得名船型屋。古籍中对黎族这种独特的传统民居形式有许多记载，其聚落就如同一只只停泊在岸边的船只，在山野之中有着独树一帜的地域特色。

（一）船对船型屋原型的影响

舟的发展历史十分悠久，最早出土的木质舟桨可追溯至新石器时代，在河姆渡遗址挖掘出了最古老原始的舟的形态。我国辽阔的国土中有着黄河和长江两大孕育文明的江河，它们流经途中又分叉出无数支流，尤其是在我国南方地区，水系复杂且繁多，并在内陆形成了众多淡水湖泊，如此地理环境使我国南方先民依水而生且十分擅长在水上活动，奠定了南方以舟为主要交通工具的地方特色，自古就有着南方多舟、北方多车的记载。黎族先民自岭南一带跨海来到了海南岛，无论是长距离迁徙还是早期的渔猎生活，均离不开舟船，因此黎族先民十分擅长舟船的制作与使用。

早期，黎族先民民居形式延续岭南一带的古越族巢居文化，随后由巢居和对舟船的依赖演变出了架设在树木上的"船"，船型屋无论是在形体还是内部空间布局上也与舟船十分相似。不可否认的是黎族先民有着漫长的渔猎历史，舟船对他们而言早已不是交通工具那么简单，而是赖以生存的空间。正是这种传统文化和基因中携带的对舟船的依赖性，为船型屋的产生奠定了基础。清朝时期就有人将黎族这种房屋称为"舫屋"，正是对其象形的一种直观解释。

从内部空间形态来看，船型屋与船体也有较高的相似性。船型屋狭长的矩形空间与船体的形状十分相似，且船体因登船下船方便性考量会将进入船舱的门开设在较短的船头处，船型屋的主入口同样也是位于较窄的山墙处。再观察舟船的使用空间分布，进入船舱前会有一段户外区域，可用于观景和交流，正与船型屋门廊处的半户外空间相吻合，船舱容纳了卧室及前厅，在船尾处放置货物，这些区域划分与功能均在船型屋中有所体现。

除此之外，黎族民间还流传着这样一个有关黎族族源的传说，其中对船型屋的形成也有描述：相传在我国南部有一个王国，王国中有一位名为丹雅的公主，她因为不满意父王对其婚姻的干涉，在一天夜里带着一条狗离家出走了，丹雅公主乘船出海，最终到达了今天的海南岛。为了有遮风避雨的住所，她将船体倒扣了过来，底部用树枝支撑，周边围以茅草。就这样她在海南岛上生存了下来，并有了后来的黎族。这也是最早黎族船型屋的雏形。

无论是传说还是历史考证，能够明确的是，船型屋是黎族先民根据自身文化与需求创造出的民居建筑形式，它代表着黎族的民居文化，同样也彰显着黎族社会的传统文化。

（二）黎族乡村自然材料的在地融入

因生产力的落后，黎族先民未能掌握金属冶炼和大型石材的雕刻技艺，故黎族传统民居建筑材料多为唾手可得的黎族地区自然材料。海南岛的气候环境是竹材和木材产生的天然摇篮，有着丰富的植被资源，为黎族先民提供了祖辈够用的天然物料。黎族传统民居建筑在这样的环境中孕育而生。清朝雍正年间，广东布政使王士俊在上奏皇帝的奏折中写道："贡木生产自黎峒的深山中，地方的官员负责收集工作，黎族人负责砍伐和运送，琼州孤悬海外，其中有五指山且路途遥远曲折，黎族人以峒为村落单位，常年在五指山中活动，靠近县衙的是熟黎，与汉人一同赋税，偏僻地区的是生黎，仅知道靠体力劳动谋生"，这段话十分鲜明的表述了海南黎族先民原始的生活状态，并阐明了广东上供朝廷的木材来源于海南。清朝诗词中也形容为"古木撑天树树巷，香楠以外便桄榔，谁知更有花梨好，可与皂室作栋梁"，强调了海南植物种类之多和质量之好。黎族船型屋正是使用了这些天然木料，辅以竹材和野生藤本植物进行营造。

温润潮湿的气候是竹材绝佳的生长环境，竹材也有着自身显著的材料特性，因此常被用于建筑骨架的搭建以及村落周边围栏的制作。《海槎馀录》中有这样的记载："茨竹大如指，长逾二丈，节节生枝文采，土人家用植于居之周遭，以代垣墙，虽鸡犬不能逾越，阴森柔嫩，绿润如沃，可爱也"。除了用于民居建筑的营建，竹材独特的韧性还可用于各种器具的制作，例如狩猎的弓箭。古籍中也有记载："黎人弓短矢重。往者黎人跳梁，官兵以竹弓御之，矢不能毙人，大为黎人所轻，彼特未遇吾劲弓耳。然南方卑湿，角弓易坏，惟竹弓可用，不劲也固宜"。除此之外，藤条也常被用于各种捕猎器具的制作，例如黎族先民制作的藤弓，利用藤条材料的弹性来进行一系列的器具制作，箭镞则是将竹子削尖后即可。竹材也被用于简易舟船的制作，将竹材劈砍成长短一致的长条后捆绑在一起，可以用于水上交通——竹筏，不仅如此，日常的食物——竹笋，纸张制作——竹纸，服饰——竹鞋等均是来源于竹材。

（三）因地制宜的民居构造

民居文化是一个地区的人们居住行为和营建行为的综合表达，人们通常结合居住所在地的气候环境和地理特色改造自己的住宅形式，以此达到适应自然环境的目的。以黎族船型屋为例，船型屋的顶部铺设有多层茅草，茅草从屋脊处层层叠压至屋檐，并出檐较多，甚至有的船型屋屋檐几乎贴近地面，这么做实际上是为了应对海南岛长期充沛的降雨量，延伸至地面的屋檐能够防止雨水对泥土墙造成破坏。另外，屋檐形成的遮阳区域能够应对海岛长时间的日晒以及强烈的紫外线，有效延长建筑的使用寿命且为居民提供休憩的区域。屋顶覆盖的茅草因蓬松的特性有一定的隔热或保温功效，可在一定程度上改善室内温度。此外，船型屋的建筑高度较为低矮，这样做在于压低建筑的重心，以应对频繁多发的台风。

在此基础上，"干栏式"船型屋的环境适应性则更强。底层架空能够防止热带地区有毒的昆虫进入室内对人造成伤害，且建造在有一定坡度的山地上能够利用流水的自然规律对地面进行冲刷。在海南岛地势较低的位置，通常会有台风掀翻屋顶的情况出现，因此黎族先民会用渔网覆盖屋顶并系上重物，防止屋顶茅草被吹飞。这些行为都体现出黎族先民的劳动智慧。

综上所述，黎族船型屋的环境适应性较强，能够为黎族先民提供较为适合的居住空间。从现代力学观点看，船型屋使用的自然材料和其中蕴含的力学结构是其他少数民族所不及的。且海南岛位于环太平洋火山地震带低纬度地区，这样质地较轻的建筑也能具备一定的防震作用，因此船型屋的结构形态巧妙地适应了海南岛独特的气候特征。

（四）黎族原始信仰的承载

在物质资料匮乏的年代，住宅的原始形态实际上就是当地人造物观和宇宙观的象征。黎族先祖始终秉承着万物皆有灵的观点，除了认定船的现实使用价值外，还在意识形态中固定了船的精神地位。船只逐渐成了黎族先民们赖以生存的交通工具，实际上是在意识观念中构建了紧密的助力关系。在新的环境中，黎族先民仍会将自身的想法外化为船只的形态，以获得内心的宁静。

除了对物质资料的信仰外，黎族先民十分敬重且崇拜本氏族已逝的先祖，潜意识中认定是祖先保佑着村落的风调雨顺。基于此种心理，黎族先民尤其注重与祖先相关的事物。以船为例，船是黎族先祖延续而来的住宅形式，因此无论从心理层面还是技术层面，他们都无法彻底更改原始的营造技艺，因而继承祖制且代代相传。

如此的精神信仰进而也影响到了部分民居建筑的营造，尤其是在民居建筑的选址上。他们居住的船型屋内常年光线昏暗且通风环境较差，主入口的门也或多或少因为这个原因开设的很小，仅供一个成年人通过，且民居主入口另一侧的山墙处不设后门，或会设置很小的门，平时不会去使用。当家中有人去世时，则会从后门搬运出去。中华人民共和国成立以来政府对黎族地区的同胞进行了科普和教育，此种封建迷信思想已经较为罕见了。

除了以上所说的影响之外，巫术也影响着黎族的传统聚落。例如，其民居建筑的朝向多会通过占卜的方式确定。因此黎族传统聚落中的建筑通常杂乱无章，没有规划可言。

第三节　海南黎族最具代表的传统村落及民居建筑

本节对海南省五个原始村落进行分析研究，探究黎族传统村落的基本形式和特点，为后续乡村民宿研究奠定基础。其中初保村、白查村、俄查村、洪水村四个村落仍保留着较为原始的村落形式，需通过田野调查和实地记录的研究方法掌握较为翔实的情况。重合村因靠近汉族聚居区，20世纪三四十年代就开始了村落模式的转型，时至今日已经难以看到黎族传统村落的痕迹，将重合村作为其中一个研究对象，借助文献资料还原重合村的村落形式，作为案例补充说明本节研究。

对黎族传统村落及民居建筑的分析重点围绕五指山初保村、王下乡洪水村和东方市的白查村进行，这三个传统村落的民居建筑保存均较为完整，且具备各自的特性，有着较大的分析意义。

一、初保村

初保村的历史可追溯至清朝末年，是目前传统民居建筑保留较为完整且具有原始村落形态特征的黎族村落。初保村坐落在有一定地势高差的山地上，面朝的溪流从山涧处流过，两边的山岭呈包夹状靠近村落，形似猪槽，故而得名初保村。建筑形式是由"干栏式"建筑和落地式建筑构成，既有船型屋也有金字屋。难能可贵的是初保村的村落环境保存较为完整，尤其是地形地貌的高差，因此吸引了国内外各界学者前来研究（图2-1）。本地村民通常称村子为"德什龙"，意思是水田之上，这同时也符合初保村与水源的地理位置。初保村村民已悉数迁至新村，老村除了养殖较少家禽外，已不再用于居住。现阶段驱车前往初保村需要从海南中线高速的毛阳互通出口下高速，通过毛阳镇后走224国道和583县道才可到达。偏远的地理位置给村落的原生态提供了良好的环境保护，使外来文化的冲击不至于撼动初保村的文化根基，较为完好地保留下了初保村的传统民居建筑和聚落形式。

图2-1　初保村航拍（图片来源：作者自拍）

（一）村落选址

初保村位于五指山山麓地区，牙合河蜿蜒曲折地流经初保村村前。此处距离五指山市区40多千米，在水泥路尚未完善的年代，初保村属于十分偏远的村落之一。初保村背靠山地面临水源，西面是大片的槟榔树林以及竹林，东边即正北边是大片的可供耕种的水田，地势较低处有一条自西向东的小河指引着初保村的位置，被村民称为"牙合河"，牙合河正好位于田地之外，保持村民提供便利的灌溉距离。河流经过村庄后到达耕地，初保村的农作物以水稻为主，河流流经稻田外围，通过人工挖渠引入灌溉。这种取水便捷、用水安全的水源和稻田位置给初保村居民提供了良好的水源保障，同样也是他们赖以生存的自然条件之一。初保村并非一个建立在平地上的村落，村落围绕山体布局，建筑横向布置且平行于等高线，因此朝向有所差异，民居建筑营建层次分为4~5层落差，错落有致的村落中分布着村内道路。

（二）村落布局及民居建筑特点

初保村中的民居建筑和村落形态是黎族传统文化的具象体现，此处有保留完好甚至还在使用的"干栏式"建筑以及多数茅草屋，大部分村民已经迁离此处，搬至1千米外的初保村新村，尚有极少部分老年人在农耕时会回来午休，因此初保村中的建筑常被用来堆放农业生产器具以及养殖家禽。这里的金字屋记载着黎族传统民居建筑逐渐向现代化演变的历程，除水泥砂浆之外，铝扣板、塑料布等物体已经出现在了建筑之上。

1.村落布局

初保村被包裹在一片茂密的自然雨林之中，整体呈狭长状分布，村落没有明显的围合，但在村落的入口处（新村与老村的分岔路）放置有石头做的标识，上面刻有红色字样的村名。老村村口有着"国家非物质文化遗产"的碑石（图2-2）。初保村外围的街道已经采用了水泥硬化铺设，且村内的明渠也由水泥构建（图2-3），其余小路均为土路（图2-4），该路线没有明确的导向和规划，以地势的等高线为参照，村内小路与之呈现出垂直、平行、相交的多种样式，部分高差较大处会用水泥袋直接泡水硬化后形成台阶。

图2-2　初保村村口（图片来源：作者自拍）

图2-3　初保村明渠（图片来源：作者自拍）　　　　图2-4　初保村道路
　　　　　　　　　　　　　　　　　　　　　　　　（图片来源：作者自拍）

2.建筑特点

初保村中有的茅草屋墙体是由木板拼接而成的（图2-5），是初保村中特色鲜明的民居营建工艺，同样也是民间技艺的创新制作。在长的墙体处会事先使用木框进行围合而后采用木板逐一拼接，关键位置已经出现了镶榫推槽技艺，承重柱和横梁在准确契合的基础上用木铆加以固定，建筑中不采用金属进行固定。

初保村整体风貌视觉协调感较强，民居样式多为落地式金字屋，同时有少量干栏式金字屋遗存（图2-6）。房屋为框架结构，由一根主承重柱及两根次柱架梁而成，墙体多以木板围合，檐墙高度1.5~2米不等，山墙处有藤编围合的遮挡。民居主入口设置在北面的檐墙上，室内空间横向延展，根据房屋大小设置为2~3个活动区域，入口处为客厅，侧面是较为私密的卧室。有较少的房屋从山墙处进入，室内空间呈纵向分布。初保村民居屋顶多铺设茅草，屋檐处向外延伸1米有余（图2-7）。有部分为蓝色的铁皮衬防水布屋顶，向外延伸2米左右。两种屋檐形式均形成了一定遮阴效果。初保村中最低的房子距离地面高度也有一米之高，因此房屋内均会借助高差建造厨房或养殖空间，生活废水均由建筑底部排入明渠，顺着水沟冲刷干净。

初保村中有着保存较好的谷仓，位于村落入口一侧地势高的地方。初保村的谷仓墙壁均由木板制成，也有少部分的谷仓墙体是由竹片编织而成。相较于木板而言，竹片编织更为简陋（图2-8）。两种墙体材料的谷仓屋顶都覆盖了茅草。初保村中还保存着一定数量的鸡舍和猪圈，多为传统建筑木板材料的家

图2-5　茅草屋墙体（图片来源：作者自拍）

图2-6　初保村干栏金字屋
（图片来源：作者自拍）

禽栏（图2-9）和水泥砖瓦砌筑的围合式圈养栏（图2-10），二者无论在外形还是使用材料上都存在着差异性，从此处能够发现初保村正处于一个与外来文化和技术不断交融的阶段。

图2-7　初保村茅草屋外檐
（图片来源：作者自拍）

图2-8　初保村竹片编织墙体
（图片来源：作者自拍）

图2-9　初保村家禽栏
（图片来源：作者自拍）

图2-10　初保村家圈养栏
（图片来源：作者自拍）

二、洪水村

洪水村位于海南昌江黎族自治县王下乡，隐藏在霸王岭深处，村落四面环山，通往村落的山路狭窄且陡峭，交通的不便让洪水村得以保留更多的原始性，这里的人们始终过着与世隔绝的生活。在黎语里，洪水村原名译为"山猪滚沼泽的地方"，后因洪水村的村前有河流经过，当雨季到来时河流与泥土混合呈现出红色的水流，因此被称为"红水村"，后因发音相同多叫作洪水村。

洪水村在地理位置上属于杞方言黎族，共由四个自然村组合，其中金字屋数量最多，保留了黎族制陶、棉纺织工艺、民族织锦、藤编、牛皮凳等非物质遗产和黎族生产、生活风貌。现有部分民居建筑已经得到了修缮与再设计，村落环境不再原始（图2-11）。

（一）村落选址

洪水村虽然位于昌江黎族自治县，地理位置分布上可视为沿海区域，但其村落所属的王下乡却延伸至海南岛的中部山区。中华人民共和国成立之前，王下乡一直由乐东县管辖，直至1961年才又将王下乡及其附近的几个乡镇划分回昌江管理，并一直沿用至今。洪水村中的民居数量及常住人口较多，是规模较大的黎族村落。洪水村的村落寻址较为合适，地势平坦周边自然资源丰富，地势相对初保村而言更为平坦，耕地面积较大，且水源丰富。因古代交通位置不便，洪水村仍保留有完好的黎族传统民居，村口处尚有破败的被遗弃的船型屋，村落生态较为原始。

图2-11 改造后的洪水村
（图片来源：作者自拍）

图2-12 废弃的洪水村金字屋
（图片来源：作者自拍）

（二）村落布局及民居建筑特点

洪水村中保存最为完好的即是村落环境及民居建筑，洪水村老村距离进村位置较近，这为村民前来打理修缮提供了可能性，因此洪水村被国内研究学者们视为黎族民居文化的活化石，也被视为民居保护与乡村振兴的良好实验对象。2018年对洪水村进行考察，此时村落已经基本改造完毕，大多数村民已经迁入现代化砖瓦房中，但是靠近水田的一侧，仍可以看见17间已经废弃不用的金字屋（图2-12）以及多间经过改造之后的金字屋，这些改造的建筑墙用水泥筑造，外表使用颜料调和，使其形似传统金字屋使用的土墙，建筑屋顶仍使用茅草，并在顶部使用塑料袋覆盖，防止其遭到雨水、台风等自然天气的破坏（图2-13）。查询资料发现，这些民居的改造是由中国探险协会主持参与的，早期的洪水村留有150余间黎族金字屋（图2-14），是海南省最大的黎族金字屋建筑群落。但随着城乡建设的推进，洪水村中大量的金字屋被砖瓦房替代，洪水村的黎族传统民居面临着消失的风险。2006年中国探险协会创始人黄效文得知洪水村的民居改造计划后，立刻向县政府提议停止拆迁，这才使这片原生态的民居建筑得以保留。

图2-13　改造后的洪水村金字屋
（来源：作者自拍）

图2-14　洪水村早期黎族金字屋
（图片来源：作者自拍）

1.村落布局

洪水村属霸王岭山麓地区的盆地，整体布局坐西朝东，呈现出四周高中间低但相对平坦的特征（图2-15），村落的北部有河流经过且穿过村落内，村中有一条深至两米左右的水渠，用于引水入村，方便村民使用。洪水村的谷仓数量较少，设置在村边地势较低的地方。远处是面积

图2-15　洪水村环境
（图片来源：作者自拍）

较大的大广坝水库,可供村民渔猎改善生活。整体上看,洪水村民居保存完好且有较小的地势起伏,加之水渠的高低错落使得整个村落视觉层次感丰富,与远处的稻田与山林交相辉映,极具热带地域特色。

2.建筑特点

洪水村的传统民居建筑均为金字形屋,调研时在村口发现了已经成为废墟的船型屋遗址。经查阅资料得知,1950年时洪水村的民居样式主要以船型屋为主。洪水村目前已经无人常住,当地村民已经搬至新村。值得借鉴的是,洪水村新村位于老村周边步行可达的距离,部分村民耕种农田时需经过老村才能到达,因此老村仅作为村民短时间休憩使用。洪水村在前些年受到了建筑遗产保护组织的出资维护,因此洪水村中的建筑有着明显修缮和翻新的痕迹。洪水村中多为金字屋,且建筑并不直接营建在土地上,而是事先用水泥堆砌一个平整的地台,地台高约10~15厘米,以防止降水量过大雨水倒灌至室内;房屋营造结构与船型屋相似,主要承重柱高约3米,两侧柱高约其一半,柱顶利用内凹的形状稳定架设的横梁,其余桁架和檩条则通过藤条捆绑;改造过后的金字屋墙体用水泥砂浆制成,但有意识地混入黄泥颜色的颜料,让墙体有着与原始黄泥墙较为协调的视觉效果,其硬度较原始黄泥要高且表面平整,使用寿命较长。洪水村原先是有船型屋的,这一点在村入口处的船型屋废墟中就能考证,靠近船型屋的就是谷仓,村落深处的金字屋是后续才扩建的,因此谷仓多集中在村落入口处,其形式与传统样式基本相同。

目前昌江黎族自治县正致力于将王下乡打造为"中国第一黎乡",并正式启动了"黎花里"文旅项目,项目着重打造王下乡内部的三个原生地村落:三派村、洪水村和浪论村,均以黎族文化为核心,以自然原生态为体验重点。三派村是"黎花一里——诗里画";洪水村作为"黎花二里——时光里"以黎族传统金字屋为特色,着重打造考古文化;浪论村"黎花三里——酒里歌"。塑造了三个不同的村落文化意象。政府对洪水村老村区域以修复、保护为主,使用传统的黎族金字屋搭建手法,力求做到"修旧如旧",同时也积极与中国探险协会展开合作，确保项目规划建设的统一性。民居修复工作结束后，当地会以已经开发的三派村为模板，展开洪水村美丽乡村的设计与建设工作。洪水村的村落设计规划是保护性设计与美丽乡村设计并行的一次尝试，为后续黎族传统村落的建设与设计提供了新的思维方式。该项目已于2020年5月1日对外开放（图2-16）。

图2-16 王下乡 黎花里
（来自中新网）

三、白查村

白查村位于东方市江边乡，属于美孚方言支系，是目前黎族船型屋遗址保护最为完善的村落。2008年，国家将"黎族船型屋营造技艺"列入第二批国家级非物质文化遗产名录，同年白查村申报成为"中国历史文化名村"和"全国特色景观旅游名村"，2013年又成功入选第一批"中国传统村落"（图2-17）。近些年白查村的保护措施日益完善，吸引越来越多的学者和游客前来考察、游玩。"白查"是汉族音译"别岔"而来，在黎语中"别""岔"分别是"有水的泥田"和"厚皮树"的意思，因白查村建村之时周边环绕种植有大片厚皮树，故以此来命名。白查村目前保留有81间黎族传统民居与8间谷仓（图2-18），没有村民居住，整村村民

图2-17 白查村介绍
（图片来源：作者自拍）

图2-18 白查村航拍
（图片来源：作者自拍）

已经全部搬迁至1千米外政府统一修建的房屋居住。

（一）村落选址

白查村整个村落的选址非常符合黎族传统聚落选址的特点，进山避世依险而居的人生态度体现得淋漓尽致。这里体现着山包村、村近田、田临水，有山有水的黎族传统村落典型格局。白查村地处于海南省西部，隶属东方市江边乡管辖，向南则与乐东黎族自治县接壤，村落四面环山，名曰"玉龙岭"，地形较为复杂，物产以香蕉等少数热带水果为主；向北则有海南省知名的广坝水库，附近有多条溪水，饮用水则以山泉为主。主要的经济来源是农作物，村民平时的口粮多以水稻为主，经济作物主要为香蕉树。白查村的黎族先人因地制宜地选择了适合自己的生活方式，但由于交通不便，很难与外界交流，造成了其经济发展的落后。

（二）村落布局及民居建筑特点

1.村落布局

作者2003年来海南工作，之后对白查村有过数次的考察，在没被列入第二批国家级非物质文化遗产名录之前，白查村村落与今天所看到村落天壤之别（图2-19）。因为其地理位置偏僻，水泥路还未能修到村口，所以在十多年前想要进白查村是十分困难的。白查村地势平坦，坐落在山谷平地上，有大片的农田以及灌溉水源。四周以椰树作为村界标识，村落一侧有较为明显的围合水稻田。村落入口处有一处木质平台可用于村民聚会活动。谷仓与民居建筑间隔

图2-19　2007年、2021年的白查村船型屋（图片来源：作者自拍）

较远，集中放置在椰树林一侧。村
落没有大面积的水系，因此灌溉多
用明渠，农田规模也不是很大。

2.建筑特点

白查村中民居建筑地势平坦因
而不再具有干栏式特征，船型屋数
量居多（图2-20），已有较为低矮的
檐墙，是船型屋向金字屋转变的过

图2-20　白查村船型屋
（图片来源：作者自拍）

渡。白查村中的道路没有做硬化处理，泥土裸露在外，所以每当大雨过后就会
泥泞不堪，随着地面高低不平引水不均，久而久之就形成了坑洼的地面。为了
防止泥土的潮气侵入屋内，白查村的船型屋多用石台垫高，储存粮食的谷仓则
采用柱底垫石头的方式隔绝水汽，这些都能感受到白查村黎族人民对自然环境
的适应性。白查村内船型屋多在山墙处设置主入口，建筑之间檐墙相隔。山墙
处由木梁支撑的屋檐结构，其朝向与当地主风向是一致的。白查村船型屋的内
部空间因狭长的走向多纵向分为两个空间，入口处为前厅，一侧摆放有三石灶
用于生火，深处的空间设置卧榻。室内通常没有窗户，采光较差。与初保村相
似的地方在于，白查村民居建筑均以茅草铺设顶部，不同点在于因草根混泥制
作墙体。

白查村自2008年被列入保护名录后，其居民在政府的帮扶下迁往一公里
外的新村，新村的房屋拔地而起，多为平房的形式，材料和技术与镇上的房屋
差异不大。新的生活环境和生活方式也让黎族居民告别了世代居住的船型屋，
但许多老人还是喜欢以前的生活。老人们住在现代化设施齐全的新村里虽然满
足，但也有诸多不舍，他们仍时常回去照看以前的屋子。与此同时，政府对白
查村旧址的保护工作并未停滞，陆续对白查村的船型屋和谷仓进行了修缮与加
固，无人居住的船型屋也因为翻新而显得光彩照人。今天的白查村不再像十多
年前那样难以进入，中巴车可以轻易地开到村口，名声在外的白查村成了"网

红"打卡地,来自全国各地的"粉丝"不远千里,只为到此一睹它的"容颜"。为了方便游人休憩还在村口建立了一个具有黎族气息的凉亭(图2-21),亭子右侧整齐地排列着修缮后的船型屋民居,每个船型屋都做了编号,并挂有"请勿触摸"的提示牌。左侧的大片民居被杂草遮挡,没有明确的内部交通流线(图2-22),在这片遗址的边缘区域可以看到一两个面目全非、垮塌严重的船型屋,虽然与修缮后的船型屋有着天壤之别,但也会让人不由得思考白查村民居建筑的前世今生。

图2-21　新修缮的白查村凉亭
（图片来源：作者自拍）

图2-22　被遮挡的白查村船型屋
（图片来源：作者自拍）

图2-23　空心化的白查旧村
（图片来源：作者自拍）

虽然白查旧村已经人迹罕至,但留下的民居建筑仍有着其独特的物质价值和文化价值,是千百年来黎族同胞建筑的精华所在。为了保护黎族传统民居建筑——船型屋,白查村已经完全"空心化"(图2-23)。"空心化"后的白查村变成了一座"博物馆",传统的村落离开了人的使用后失去了原有的生命力,修缮只是保护工作的一部分,如何可持续性发展才是值得思考的问题。

四、俄查村

（一）村落选址

俄查村距离白查村较近，也在东方市江边乡，坐落在乡政府西南部，距离乡政府约1.5千米，距离八所约65千米，是一个民风淳朴的黎族村庄。俄查村同样属于美孚方言黎族传统村落，然而与白查村相比，俄查村的村落环境已经残破不堪，随着村民陆续搬离原始村落，船型屋建筑在无人打理的境遇下已经垮塌殆尽（图2-24）。

图2-24 俄查村船型屋现状
（图片来源：作者自拍）

（二）村落布局及民居建筑特点

1.村落布局

俄查村地处平坦的山地之上，村落由一条主干道分隔而开，西北侧有面积较大的农田，东南侧种植有农作物。俄查村内的主干道由南向北贯通。村内多为船型屋，屋顶坍塌、结构垮塌情况较多。距离俄查村1~4千米的地方有面积较大的水库，灌溉水资源丰富使得俄查村农田面积较大，达到了俄查村民居范围面积的10倍左右。

2.建筑特点

俄查村建筑与白查村相似，但因年久失修（图2-25），无论是完整

图2-25 年久失修的俄查村船型屋
（图片来源：作者自拍）

图2-26　俄查村谷仓现状
（图片来源：作者自拍）

性还是美观度均不及白查村。民居面积较大，一般有前厅、活动区、卧室区3个空间，前厅外设置有门廊，部分遮阴可供村民采光劳作、晾晒衣物。俄查村的谷仓从平面上看呈方形，面积在2~3平方米，谷仓的特点也极其鲜明，山墙处是圆拱形的墙体与矩形相连，屋顶与墙体之间留有通风的缝隙，谷仓的顶棚已经换成铁皮（图2-26）。此外，谷仓底部并不与地面相连，通常会用石块垫基，阻止地面潮气以及部分昆虫进入，底部的阴凉空间也是小型牲畜休憩的区域。

五、重合村

（一）村落选址

重合村坐落在昌江黎族自治县七叉镇，四周临山，地势较低，周围种植有大片甘蔗树，是重合村村民主要收入来源。20世纪初，重合村属于该区域的重合峒，为美孚方言区。现如今，单从村落形态上已经很难看出黎族村落的印记，故研究重合村的意义在于根据1930~1940年的史实资料进行总结分析，用于黎族传统村落考察样本的补充。

（二）村落布局及民居建筑特点

1.村落布局

重合村的围合并不紧密，没有较高栅栏和围墙，只有简单的篱墙，这与其他村落差异较大。村落主入口并不显眼，仅在篱墙上开口成门。村内没有明确主次干道，道路狭窄且曲折。重合村的民居配属设施如谷仓、鸡舍、牛栏均围绕着民居建筑营造。村内的规划布局意识较为薄弱，整体看并不杂乱无章。

2.建筑特点

民居建筑是较为低矮的落地式金字屋。房屋主入口开设在檐墙一侧,屋内仅一个空间不设隔墙。房屋高度在2.5米左右,屋顶茅草出檐长度较多,几乎低垂至地面。建筑承重用木多为圆木,顶端劈成叉状以支撑横梁,连接处加以树皮捆绑,不用榫卯结构及钉子固定。墙体内部用长竹片经纬编织骨架后涂抹黄泥,屋顶是在相同的骨架上覆盖茅草。重合村谷仓的营造技艺有所不同:其承重柱自下而上穿过圆拱形的屋顶,编织好的茅草覆盖其上。谷仓的墙体与屋顶有近一尺的空间。谷仓下方设置有基石,将谷仓的底层架空,架空高度有一尺左右。

第四节 海南黎族传统村落及民居建筑的保护和再利用

一、黎族传统村落及民居建筑的现状及存在问题的分析

（一）黎族传统村落及民居建筑的现状

1.民居建筑改造方面

自1988年建省以来,海南省政府长期致力于帮助黎族村民或修,或建他们的传统村落及民居,以此解决村民生活困难的问题,从而提高村民的生活水平,这也标志着海南黎族传统民居建筑保护与再利用的序幕正式拉开。以黎族聚居人数最多的海南省五指山市为例,1992~1996年的五年是五指山市黎族民居新建数量最多的时期,尤其是针对地理位置偏远的地区如毛阳镇初保村、冲山镇、南圣乡等地,这项工作一直持续至今。政府采用的方式是阶段性保护与新建,最终均是以村民搬迁至新村而告终,村民也由传统民居住进了砖瓦房中。

2.文明生态村建设方面

在国家加大力度建设新农村的过程中,不仅要注重传统村落人居环境的舒

适性，更要延续民族地域文化或是中华传统文化中的精神文明，因此展开了一系列文明生态村的评选，针对生态环境和精神文明较高的村落展开进一步的扶持与建设。三亚市中寥村是第一个五星级美丽乡村，中寥村原貌是传统黎族村落，拥有得天独厚的地理优势以及自然环境优势。在海南省美丽乡村建设政策的推动下，在华侨城集团的帮扶和改造下，这个地理位置优越的村庄得到了全面升级。现以旅游业为主，通过黎族歌舞、特色节日活动、农业体验等亮点吸引游客前往，并相应完善了餐饮与住宿。在美丽乡村的建设活动下，无论在村落建设还是经济上，中寥村都获得了很大程度的发展。但是，在黎族传统聚落保护性设计上稍显不足，目前中廖村已经没有船型屋、金字屋等黎族传统建筑，而多以独栋的带有黎族独特装饰图案的砖瓦房取而代之。在海南五指山地区，十余年间已打造了近800个文明生态村，除了最为基本的村落设施（通水通电、牲畜管理、景观绿化、文娱场所建设及管理等）外，还注重了村落中对自然生态环境的建设。同时在政府的积极宣传下，村民们逐渐转变意识开始了现代化的村寨建设，除了日常农事生产外，还会注意村落卫生保持，保持良好村落风气等。

3.旅游开发方面

1988年后，海南省依托自然环境优势发展旅游业，在少数民族聚居的区域打造了一系列具有少数民族神秘色彩的旅游观光景点，因此吸引了大量的国内游客，也就此拉开海南省旅游业的序幕。2010年海南建设国际旅游岛，2016年海南省被确定为首个全域旅游创建省，全省范围内的优质旅游资源开发都得到了战略层面的、系统性的重视，而乡村旅游则是遍布海南全省范围的重要旅游资源的代表。所以海南各个传统村落都普遍着重利用可开发的资源，发展建设旅游业。作为海南省旅游资源中得天独厚的重要组成部分，传统村落自然景观在旅游业发展战略中占据着非常重要的地位，目前许多具有鲜明特色的传统村落都已经走上了旅游开发的道路。海南省现已有上千个大大小小、不同特色的具有一定旅游开发基础的村落。但总体来看，全省范围内已经开发的传统村落有许多不尽如人意的地方，有些传统村落景观没有受到良好的保护，有些则没有得到较为系统、健全的开发。因此，如何在开发旅游业的同时还能保护好海南黎族独具特色的传统村落自然景观，就更加是一项责任重大、影响深远的工作。

（二）黎族传统村落及民居建筑存在的问题

1.村落及民居建设方面

随着社会综合水平的提高，黎族原始村落和传统民居相对于新农村和砖瓦房而言，显然不具备人居环境舒适度的优势，甚至无法满足现代水电的正常布置，因此海南黎族传统民居建筑改造这一工程主要聚焦提高黎族同胞的整体生活水平。然而这项工作因部分环节存在问题，出现了管理不及时和修缮不负责的问题，一些民居建筑的房屋改造和重建均外包给施工单位，加之村民也缺乏对自身传统文化价值的认知，通常将传统民居建筑作为废弃物遗弃或是搁置，年久失修的传统民居建筑在自然老化的过程中出现了坍塌和损毁的现象。另一方面，开发者们大刀阔斧地对村落进行改造，占用大面积的土地无序扩张，水泥硬化路面覆盖了黄土地，仔细分析实际上却造成了黎族传统文化及其原始聚落形态的逐渐消亡。但是也有村落的村民通过自己的方式在一定程度上延续了本村落的传统民居文化，例如，在砖瓦房的一层入口处用木柱和竹材搭建门廊，或是在院落中按照原始储物建筑的形式搭建晾晒架等。虽然在外观上与新建民居差异较大，但功能上却弥补了砖瓦房的不足。由此可以看出，在黎族社会面临着由原始到现代化的进程中，他们的民居文化和生活习惯也随之发生变化，黎族同胞正在以一种积极的态度面对这些变革，积极接受的同时也在生活的方方面面延续了一部分传统习俗。

在改造过程中，还有的是大部分整村搬离传统聚落，并在原始村落的不远处建造新村，新村的选址需距离交通主干道较近且视野开阔，地势平坦，利于砖瓦房建筑的建造。如今的黎族村落有着统一的村落规划、住宅形式及面积大小，因此也造成了严重的同质化问题。村内两旁种植的植物均为热带地区常见的棕桐树及灌木，也有村民在自家门前种植紫檀、蒲葵，然而这些并不能弥补黎族村落中失去的原始色彩，新村中留给世人见证的仅剩零星散落的些许附属建筑。黎族村民是生态文明村建设理念实施的直接受益者，但从某种意义上来看，这种生活条件的改善是以传统聚落消亡为代价的，失去的是黎族传统聚落及民居建筑给人带来的神秘、古朴、原始的猎奇感和新鲜感，也正是这些城市中罕见的人与自然和谐相处的生活状态，使海南旅游业相当火爆。随着黎族村落不断与汉族乡村靠近，具有地域文化价值的元素只会越来越稀缺。

此外不可忽视的是，整村搬离的方式对原始村落中的物质文化遗产的破坏，以及村民所掌握的非物质文化遗产技艺的断层。如东方市的白查村，在2008年前保存尚好，白查村中原始聚落形态和人居生态还保持着较为原始的状态，因此也被誉为"黎族最后一个古村落"。政府相关部门为了将此处的原始状态保护起来，在村民迁出后开始了大量的修缮和重建工作，按照船型屋的形态进行了整村的保护工作。然而没有村民居住的房屋仍面临着另一个问题，那就是日常的打理和维护，尤其是船型屋这种自然材料营建的民居，需要频繁地更换破损或腐烂的材料。为尽快解决这一问题，防止船型屋的再次破坏，国内外专家也在积极就此问题展开研讨，但尚未得出可行性较强的具体方案。

2.旅游开发方面

根据上文研究可以得知，海南省于20世纪90年代就已经开启了旅游业，目前在海南自由贸易港建设的背景之下，海南将全面深化改革开放，这对海南旅游业的发展有着巨大的促进作用。但整体来看也存在着一些问题，目前海南省接待国内外游客人数最多的城市为三亚市，三亚是海南拥有最多景点的城市，作为省会的海口市也逊色不少，其他市旅游业就更惨淡，接收游客人数更少。且对于较多外省人而言，大多数人对海南的了解仅在于三亚市和海口市，导致各市发展不均衡。另外，海南吸引游客最主要的因素是独特的热带季风气候，游客大多在11月到次年3月来海南旅游度假，而其他月份游客相对较少。观光、休闲、度假是游客比较青睐的方式，海南酒店业的发展较好，但旅游项目不多，难以带动相关产业均衡发展。

　　海南传统村落的旅游开发虽然已经有一定的数量，但宣传力度还远远不够，很多游客对海南少数民族聚居区仍不是很了解，只是在现有的旅游景点中能看到海南黎族文身阿婆在织锦、一些以海南传统民居建筑为元素的景观小品设计，大多没有真正走进过海南传统村落。制约海南岛黎族地区旅游发展的原因主要有3个：一是交通问题。黎族地区多位于海南岛的中南部山区，高速路建设速度较慢，即便目前海南环岛高速已开通，大型旅游团和私家车都会选择交通快捷方便的线路游玩，加之三亚独特的气候环境和沙滩海岸，降低了少数民族文化旅游的热度；二是黎族传统村落旅游景区内的道路规划一般都多位于山区，路况较差，增加了旅游观光过程中在路程中花费的时间；三是星级景点缺乏。虽现在已经开发了很多特色民宿，但接待人数还是有限，再加上很多配套设施和服务水平跟不上，即便投资建设力度较大，但文化底蕴和体验感较差，这就使得往来游客不满，进而导致区域旅游质量和口碑的下降，久而久之无法维持景点运营。

二、黎族传统村落及民居建筑的保护和利用

　　《关于文化旅游的国际宪章》中明确说明了对建筑文化遗产的保护最基本的目的就是向人们传递它的保护价值，进而引导人们明白遗产保护的重要性。在国家的战略发展背景下，海南积极实施全域旅游的发展方针，这就需要明确在旅游开发的同时，对海南本土文化进行挖掘，一方面让建筑遗产的所有者了解其内涵价值及传承意义，另一方面让开发者积极传承与保护，而不是一味地追求效率优先和成本优先。

　　（一）弘扬黎族文化、促进旅游业发展

　　1.旅游业需要更有"文化"

　　地域文化是一个区域的人文底蕴，也是旅游观光的内涵呈现，与旅游的质量和精神文明享受有关。目前，海南省内的旅游业呈现出较为成熟的发展态

势，不仅有自然风光旅游、人文景观旅游、休闲度假旅游，还在着手发展生态康养旅游，基本涵盖了旅游观光的各个方面。在往后的发展中，景点数量及旅游接待能力的提高是其重点，然而这并不是根本上的解决方法。有相关人员指出了海南旅游业发展的瓶颈之所在，那就是如何将传统旅游模式上升至文化旅游的层次。文化旅游不仅是针对特色传统村落的游览，更是丰富文化元素构成的沉浸式氛围体验，以此来提高海南旅游的深度和质量，依靠独特的底蕴来吸引游客。

地域文化是人文旅游观光的核心，同时也是旅游业发展不可忽视的重要抓手。故开发地方资源需从本土的文化入手，体现其在地性。要有针对性地孵化主题旅游、特色旅游、品牌旅游等项目，营造出属于海南独有的地域文化氛围，满足游客视觉和心理上的双重需求，进而还要依托网络宣传、媒体的介入达到良好的口碑，在文化属性中找到未来可持续发展的出路。

2. 旅游业的"文化"如何建设

海南因建省较晚，诸多文化资源尚处于在小众范围内传播的状态，较为丰富的自然文化底蕴也为海南挖掘文化发展旅游业打下基础。自古以来，海南都是我国与东南亚一带贸易往来的出海口，有着"海上丝绸之路"的美名，南海不仅是我国的南大门，同样也是通向世界财富的入口。因此海南岛内有着丰富的侨乡文化和南洋文化，如具有典型欧陆特色的骑楼建筑，此外，还有火山口独特气候条件构成的民居类型，如琼北地区的特色村落。

然而值得注意的是，现实生活中并不是任何一个文化遗产都能作为地方文化资源进行开发，且能得到游客的认可。这是因为游客们旅游目的所导致的认知能力表层化，更多人愿意看到的是经过加工后的更容易让人理解的地方文化，通过直观的方式去体会和感受，因此文化元素在旅游活动中扮演的角色实际上是一种活态的讲述。例如，地方美食的制作工艺最终目的，是让游客品尝到美食的滋味，进而传导出制作手法的精良和厨艺之高超。白查村作为海南最具有代表性的海南黎族传统村落，即使有完善的黎族船型屋民居建筑遗址，但在缺乏直接体验和直观文化表达的情况下，游客无法参与到其历史文化的互动中的，他们只是看到了一栋栋毫无生机的船型屋静静矗立在荒草之上，有的地方甚至没过膝盖，周围没有任何传统活态的展现，因此很难成为热门的旅游景点，也不能得到游客的认可。

综上所述，海南有着较为丰富的文化底蕴，加之少数民族传统文化的加持，对海南旅游开发有着诸多助力作用。如今在自贸港建设的发展和挑战下，海南屹立世界之林的关键之处就在于保持本土地域文化、特色的不可动摇性，要以标志性的地方特色吸引国内外的游客，以文化自信精神占领世界文化的高地。

（二）保护和利用相结合，打造民族文化生态村

20世纪90年代，围绕世界遗产保护公约问世的《奈良真实性文件》对物质遗产的"原真性"进行了阐述，解释为原真性并不是文化遗产价值的一部分，而是基于我们对文化遗产的理解是否准确。现如今的社会生活和文化水平都是建立在各种无法看到或感知到的传统文化基础上的，每个地方的文化习俗都应得到尊重。随着人们逐渐意识到传统文化和生态文明建设的重要性，就必须要修正地方少数民族传统聚落和民居建筑的发展路径，不可任由其走向消亡的深渊。我国近些年在江浙一带开展了多个传统聚落及民居的改造工作，积累了丰富的经验，总结出了传统村落的现代化发展方式。

海南借鉴了国内一些乡村改造案例的手法，对黎族传统聚居区域进行了改造，旨在重现黎族传统文化，然而这一做法仅针对旅游。黎族传统村落的保护与发展需要得到社会各界的尊重，还需要保证政府的政策制定和管理模式的完善、企业资金的扶持和可持续发展的建设、设计者和规划师进行整体性的设计规划、村民逐渐提高参与积极性和民族自信等。而后在此基础上对黎族传统村落区域进行详细的田野调查，收集黎族先民的生活习惯和传统习俗，并在村民的指导下，选择最为直接和真实有效的方式解决民居建筑遗产和传统文化传承的问题。对于黎族传统聚落中普遍存在的民生问题应加以有针对性地解决，如

扩大黎族传统村落的占地面积，在适合的地方加建公共服务设施，为黎族村民的日常生活提供娱乐场所；提高黎族村民的生活水平和住宅舒适性，通过改造传统民居建筑的形式，在内部进行现代化的加工，这一过程需要充分尊重村民的意愿；再是对建筑外观的"原真性"修缮和复原，运用设计学理论找到现代材料与传统形式的结合点，借鉴传统民居中具有代表性特色的元素，如圆拱形的屋顶、出檐较长的茅草等，利用使用寿命较长的新材料替换掉自然材料，如可以在山墙处用水泥铺设门廊，以延续村民原始的住宅习惯。

以王下乡洪水村为例，洪水村在相关机构的资金扶持下对原有的民居建筑进行了修缮和部分改造，其外观基本没有改变，部分材料的替换使得颜色和质感上有些许差异。这部分修缮和改造的重点是从民居内部进行，如对墙体材料的更换，将原有的泥土换成是颜色相近的水泥砂浆，房屋内部的屋顶增加了一层防水材料，内墙壁涂抹了乳胶漆，地面用水泥做了硬化处理，使得室内空间符合现代人居条件，但从外观看来与传统建筑差异不大。再如白查村，黎族先民自古有"一条竹杆挂家当，三个石头做个灶"的生活习惯，他们善于在原始的自然条件中争取使用空间和创造更多的功能性，现如今这种传统文化已经被现代产品所替代，仅有较少的民居中还留有原始状态。相关研究学者针对白查村现状提出了其未来可持续发展的途径，需明确的是，黎族传统村落和民居是其传统文化的载体之一，需正确处理好保护与改造二者的关系。白查村所蕴含的人文资源可以作为海南岛中西部旅游资源的核心，除此之外，黎族酿酒工艺、纺织技艺、藤竹编技艺、烧陶技艺均可在村落遗址的基础上得以重现，使村落遗址"活"起来，成为一个系统的黎族特色风情村落。

由此看来，保护并非单纯地将目标置于象牙塔内，或是像"福尔马林"式的保护性设计，而是要适度地在传统文化中融入现代价值，让历史产物在现代社会中找到存在的实用性意义，让人能用直观的方式体会和感受，让那些原始而古老的文化遗产能够在新时代中发挥自己的个性，以活态立足于当下社会并有效利用起来，这才是文化生态保护的意义和目的。

第三章

乡村民宿开发与
村落民居建筑

第一节　国内外民宿产业的产生与发展历程

一、国内民宿产业的起源及发展历程

"民宿"一词属于舶来品，中国古代至近现代的旅居历史中并未出现此种住宿形式，然其内涵表达和属性特点与我国近年来流行的"家庭旅馆"和"农家乐"有相似之处。"民宿"，顾名思义是偏重住宿功能所存在的空间；"农家乐"则是以农村田园风光为基础展开的一系列旅游观光活动，是较为综合的农事体验场所，"农家乐"的属性与民宿的服务特性有着较高的相似之处。此外，"家庭旅馆"也是具有相同服务功能的住宿类型，将这几种住宿类型的生成原因与历史发展沿革加以分析，可以得出其存在及发展的核心特征，以便于民宿发展借鉴参考。

（一）国内民宿原型的产生及发展

1.民宿原型的产生及多样化发展

在我国古代时期就出现了旅馆这一短期租赁住宿服务空间，在历史的更替中，这种模式不断完善和发展。旅馆的住宿形式在不同的历史时期有着不同的名称，这与旅馆所在位置和具体功能有紧密联系，对客户群体的定位也十分精准。

据记载，历史上最早以租赁形式寻找住宅的人名为许由，可追溯至尧帝时期，论语中记载的这种住宿类型为"逆旅"。到了商朝，诗词歌赋中形容的租房客住在"馆舍"内，名字有了更替，均指的是私营旅馆。到了周朝，有了公有制属性的"路室"和"侯馆"，其规模和接待能力都大大高于前朝，且"侯馆"更是针对身份及社会地位较高的人群营业。随后还出现有"客舍""客

栈""邮传"等名称，其服务人群和经营属性均有差异。造成这一现状的另一个原因就是在我国古代较为发达的商业贸易往来下，旅馆也随着商业道路开至全国，且衍生出提供不同的服务功能以及针对不同的客户群体的官营及私营两种经营模式，服务功能也由单一的住宿衍生出餐饮等服务功能。到了封建社会时期，我国逐渐开始了和国外使臣的外交活动，这些外臣多居住在名为"蛮夷邸"的地方，通常位于都城。《洛阳伽蓝记》对此也有记载：北魏时期用于外臣住宿的位置名为"四夷馆"。后至隋唐时期更名为"四方馆"，宋朝被称为"礼宾院"或"同文馆"，到了明清时期则称为"会同馆"。不同历史时期下，因国力不同，这些住宿空间也均不相同。

经过历朝历代的发展，皇家住宿和民间住宿已经拉开差距，不再是地理位置的不同，更是服务功能、住宿规模、豪华程度上的区分，相较于馆或邸，民间多用客栈、客店等名称来命名。宋代因国内贸易往来及人口迁移规模较大，出现了以地方商会命名的大型住宿建筑，如"湖广会馆""山西会馆"等，是一个区域的人员贸易往来集体住宿的地方。此外，一些寺庙也具备一定的住宿功能，且提供餐食，不过仅针对香客、僧人等群体开设。

本书研究的民宿在性质上更趋同于古代私营旅馆，有私有制、非标准化、大众阶层消费群体等特点，抛开社会进步等客观因素带来的形式上的转变，无论是功能性，还是客户定位，都与早期的客栈相似。

2.古代非标准化住宿空间特点

总的来说，我国早期的住宿产业多开在人员密集的都城内，其建筑空间多在民居住宅的基础上加以改造，其中一部分是为了盈利而新建的民居建筑，更多的是原有民居改造而成的商用住宅，可根据户主的意愿自行转变服务性质。古代民间的民宿建筑具有规模较小的特点，因是私人住宅或是私营制背景下建造的，故无法达到一定规模，一般高度在3层以内，以木架构模具为主，其建筑特色与我国传统木结构建筑一致，一般一层设置为就餐区，二三层为住宿区，有临街形和院落围合形两种。

中国古代社会有着较强的封建主义思想，某种程度上制约着社会的发展，这就导致科学技术和人类文明长期处于缓慢甚至停滞不前的状态，建筑形式及材料工艺受其影响较为落后，因此我国古代民宿建筑的功能和样式始终未能进行较大规模的变革，进步之处仅仅体现在部分装饰结构的美观程度上，且室内家具和器具也逐渐偏向奢华享受的外观雕琢。家具的使用功能在本质上没有明显变化。这一特点与我国当下乡村民宿有着十分相似的地方，均是注重形而上的加法，而不是基于人文内涵思考后的减法。

自民国以来，我国原始的客栈形式的住宿空间已经不复存在，其建筑形式和结构不再适应当下市场的需要，经济较为发达的省会城市表现更加明显。乡村地区中尚还留存有形式与"逆旅"相似的民居住宅，现实功能已经丧失，仅作为历史的见证而被保留了下来，这也为今后该地区改造乡村民宿，建造新住宅提供了参照原型。

（二）国内农家乐的概况

1.农家乐的产生与发展

农家乐在我国开展的时间最早可追溯至1950年左右，以乡村旅游的模式呈现出来。1970年，经过了20年的发展，北京郊区以及山西省昔阳县出现了较多同性质的旅游活动。有关"农家乐"的研究表明，其从诞生走向发展且具备现代化的接待能力最早始于1980年的贵州凯里，以少数民族旅游的模式开启，并在1987年于成都市龙泉驿书房村举办的节庆中正式使用"农家乐"来命名此类活动。

在20世纪90年代后，我国的经济水平有了较为可观的发展，百姓的消费能力和思想观念也随之变化，旅游业逐渐迎来热潮。加之国内的交通条件不断改善，人们出行的便捷程度日益提升，而位于城市郊区的"农家乐"能够满足周末假期短时间旅游观光的需求，故我国以"农家乐"为服务形式的旅游业在自主开发的模式下不断发展壮大。时至今日，"农家乐"的发展可结合乡村振兴理念的实施，进一步整合资源，扩大旅游规模。

2."农家乐"的概念与产业定位

根据市场调研得知，青睐短时间旅游的游客，最主要的目的在于放松心情，转换生活节奏，在乡村和田园风光中寻找乐趣，且"农家乐"中的民俗、美食、建筑都具有较强的地域特征，能够提供较为丰富的餐饮体验和住居体验。有的还能为游客提供采摘服务，以这种多样化的体验行为带动游客的积极性。相较于乡村民宿而言，"农家乐"的服务方式更加完善，服务的自发性更强。

3."农家乐"的特征

"农家乐"中的住宿与民宿的属性相同，但其有着更为丰富的体验活动，是一个综合性的旅游服务区域，具有以下特点：①乡土性："农家乐"是一个综合的概念，它既是各个农事体验的载体，也是地方乡村文化的核心，在自然风光和民居生态等方面均体现出与城市截然不同的情景，其独特的乡土属性和较为浓厚的、带有家乡色彩的旅游深度体验能够唤醒人们对于乡愁的记忆，尤其是对城市居民而言，有着很强的吸引力；②参与性："农家乐"实际上是将村民的生活变相呈现给外来群体，在旅游设施和服务功能的扶持下帮助人们感受乡土生活的乐趣，因此具有较强的参与性，尤其是在楼房中生活已久的城市游客；③整体消费较低："农家乐"的旅游消费模式比较特殊，它并不涉及中间商，多为村民自行建造住宅、餐馆，其中的服务人员也均由村民家属组成，食材和产品来自自家农田，不需要额外的进货成本，因此整体消费较为低廉，是平民化的旅游方式；④经营模式："农家乐"的主要经营者为村民，以家庭为单位开展住宿、餐饮等服务，物理空间多依赖自家的土地和民居建筑，或自行建造更具特色的服务空间。其中服务人员也是由家庭其他成员组成，因此"农家乐"中的服务没有统一标准；⑤便利性："农家乐"最大的优势之一就是它一般位于城市的郊区，且交通便利，驾驶私家车多半路程不会超过1个小时，因此受到大多数人的青睐。

4."农家乐"的类型

"农家乐"根据其游玩观光模式大致可以分为以下几种，分别是农产业类型、自然观光型、生态旅游型。其中旅游是任何一种农家乐形式都致力于打造的产业。

（三）国内家庭旅馆的概况

1.国内家庭旅馆的发展现状

1980年开始，旅游行业对旅居行业做出了规范性要求，并围绕旅居服务和环境的优劣制订了星级评定标准，这一举动使得质量较差的旅居场所得以淘汰，进而催生出许多以家庭为单位的旅居场所。因以家庭为单位，故这些旅居场所的位置分布在各个地方，尤其是城乡区域。不同于其他国家的是，我国乡村地区能够依托自身资源开展旅游观光体验，基于此种前提，城乡区域的家庭旅馆就有了实际存在的意义。并且家庭旅馆因由私人经营的缘故，部分情况与国外家庭旅馆相似，例如，服务的个性化以及生活体验常态化，当下的民宿同样也具备此类特征。

家庭旅馆普遍出现在旅游资源较为丰富的城市，如部分省会城市以及具备独特自然资源的大型城市。较为偏远的乡村地区的家庭旅馆多由村民的房屋建成，他们将空余房间改造后经营使用，以完善当地的旅游产业。

2.国内家庭旅馆的定义与范围

家庭旅馆问世初期就有着较为强烈的地方文化色彩，选择家庭旅馆的游客需与房屋主人同住在一个屋檐下，无论是饮食，还是日常习惯，都是当地文化的直接体现。

本书对各个地方家庭旅馆的实施标准以及家庭旅馆的管理方式进行了系统的梳理研究，并围绕其他相关研究者的观点总结归纳了家庭旅馆的特征，具体如下：①家庭旅馆归私人所有，其经营多由个人和家庭成员进行；②家庭旅馆多位于大城市以及城市周边具有旅游资源的乡镇；③旅馆内部空间有别于一般住宅卧室，是经改造后适用于旅居服务的场所；④旅游淡旺季游客数量有差别，因此家庭旅馆的经营多为副业，其所有者还经营主业；⑤每个家庭旅馆房间数量有限，通常价格便宜。

综上所述，家庭旅馆的开展既可作为副业经营，也可作为一种投资行为在大城市中购置房产用于短期租赁，其中最大的区别在于家庭旅馆经营者是否与游客一同住宿在房屋内，如果不是，且其整体出租就属于社会旅馆性质，这种类型多出现在较为发达的省会城市。而村镇中的家庭旅馆则更趋于民宿的概念，屋主以及游客都会居住在同一个民居中，这也得益于村镇中较大的家庭住宅面积。

3.国内家庭旅馆的类型

经过了几十年的发展，家庭旅馆的类型得到了丰富，针对不同地理位置有了不同的服务功能和风格样式，同时称谓也有所改变，如景区、山区、乡村、城市的旅馆均有所不同。地理位置的差异造就了地方文化的差别，地方文化又潜移默化地影响着地域建筑风格的生成，家庭旅馆在特定的环境中也呈现出较大的风格面貌差异，有平房、吊脚楼、古镇民居等建筑形式。

4.国内家庭旅馆的特征

家庭旅馆因较为低廉的价格优势、个性化的服务以及生活常态化的居住体验，相较于连锁住宿宾馆更受年轻人青睐。家庭旅馆拥有和"农家乐"相同的服务模式以及特色体验，这些优势被保留了下来，并且运用在了当下民宿行业里。

（1）生活常态化及服务个性化。因家庭旅馆由私人经营，其收费以及服务标准都有着较高的自由度，可依据游客的特定需要制订经营模式。旅居空间由自家房屋改造，配套设施和环境均有着生活氛围，使游客能有更加真实的生活体验，更容易适应此处的居住环境。

（2）地方文化的个体展现。游客选择家庭旅馆最为主要的一个原因在于能够近距离感受当地的人文风情，体验地方民居居住感受。依据经营者不同的审美偏好，家庭旅馆也会有不同的装饰氛围，进一步增强了游客的沉浸式体验。

二、国外民宿产业的起源及发展历程

相较于国内，国外的民宿起步较早，欧洲最早于19世纪就有了类似民宿服务功能的旅居行业，同样也是以家庭旅馆的形式出现。不仅如此，早在中世纪，欧洲的贵族阶层就有乡村度假的习惯，他们会在郊区参加一些地方性的活动并在此留宿，这种方式因有别于现代城市过于冷漠和疏离的人文感受，很快在各国之间普及。随着社会发展，这种活动也由贵族逐步扩展至寻常民众，直至19世纪中期，意大利宣布成立了全国农业协会，规范及扩大农业生产的同时，也开始探索国内"农家乐"性质的短期旅游观光活动，这些乡村农场已出现了个体经营的提供游客住宿的服务，并命名为"B&B"，意为提供床和第二天的早餐。

（一）国外家庭旅馆的范围、特点及类型

1.国外民宿原型的产生及发展历程

经研究发现，早期欧洲民宿的起源除了贵族的度假习惯向群众普及之外，还源于古罗马驿站的服务形式，这种经商和文化交流的必经之处必然会设置大量的住宿空间，相较于贵族经常拜访的城堡以及农场庄园而言，驿站更加贴近普通群众的生活，这种形式也更加接近本书所关注的"民宿"。随着西方各国综合实力的提升，工业革命推动了建筑材料和建筑形式的变迁，旅游酒店则逐渐取代了传统的短期住宅形式。事实上，以经营获利为目的的民宿产业直至近现代才有所发展，不特意支付钱财的"借宿"才是历史上民宿原型的主要服务方式，就此也形成了热情好客、以礼相待等民间优秀传统文化。商业的助力则促进了盈利性住宿形式的出现。例如，古希腊和古罗马都曾有过以盈利为目的，专供往来商人居住的场所，这些住宿空间通常以小型客栈的形式出现，并聚集在重要的经商道路的主要城市主干道两侧。这个时期的客栈功能十分简单，除了提供客人夜晚休憩之地，还会提供简单的餐食。这种形式在全世界范围内开始普及，也是当下社会快捷酒店的早期存在形式。它所提供的服务"餐和食"与民宿的标准几乎一致，实际上是社会快速发展后所衍生的行业。

当客栈的形式和经营模式发展到一定规模时，西方工业革命的进程改变了人们长久以来遵循的生活方式，旅游成了人们日常度假休闲的新选择之一，客栈较为单一的服务功能和区域位置显然不能够满足新的需求，因此，衍生出了新的住宿形式。

可以看出，人类对于盈利性的旅居空间最初因经商贸易的需求展开，后发展为今日的旅游观光需要，跨度千年的历史演变实际上并未对"旅居空间"这一概念进行颠覆式改变，其延续的正是最为传统的食、宿服务功能，且将客户群体定位为百姓。

2.国外家庭旅馆的概念

1980年前后，国外对"民宿"这一概念的解释为"家庭旅馆"，并将其称为"B&B"和"Homestay"，后者的意思理解起来较为简单，即"停留的屋子"，是对民宿服务状态的概括。"B&B"则可以拆分为"床（Bed）"和"早餐（Breakfast）"，是凝练民宿服务功能而形成的称谓。无论是哪种名称，这种旅馆都是主人将家中多余的房间清扫出来，用于短时间的租赁并收取一定费用，类似于现在所说的"短租"，旅客需与房间主人住在一间屋子的不同房间里。

综上所述，家庭旅馆的范围十分宽泛，从形式含义上来理解，只要是有人居住的屋子都能作为家庭旅馆，其数量较多且覆盖区域广泛，可以是城市中心、郊区、村庄，或是其他区域。因经营模式多为私营制，所有的服务都由家庭成员提供，所以接待能力有限，只能负责少量客人的餐饮和住房卫生打扫，收费也相对较低，平时注重和客人的交流与互动，游客在此能更加近距离感知地方人文特色。

3.国外家庭旅馆分类

国外的家庭旅馆种类较多，根据区域可分为城市家庭旅馆、乡村民宿、旅游景区内民宿等。随着旅馆业的快速发展，人们对旅居场所要求也呈多样性发展，按家庭旅馆的功能可分为短租公寓、星级民宿等。

4.国外不同地区家庭旅馆的特点

（1）欧美地区的家庭旅馆。欧美国家的家庭旅馆主要分布在市郊，高度发展的城市化进程使得城区中的连锁酒店居多，家庭为单位的短租情况较少。其家庭旅馆多分布在郊区，周边如有旅游景点则会分布更为紧密，沿海区域的民宿数量也较多，这是因为其民宿所有者多会借助自然环境资源及旅游优势来对自家房屋进行改造。游客与房屋主人可共用屋子里的公共空间，能够自行准备餐食，食物可由房主采备，游客支付一定报酬即可。

（2）亚洲其他国家的家庭旅馆。亚洲其他国家的家庭旅馆覆盖面积较广，日本、韩国等地的家庭旅馆大多数都是在乡村地区经营，主要因城区高度的商业化使得部分游客前来观光。也会在老城区中借助传统建筑经营民宿，这种方式在日本较为普遍。其余乡村地区的家庭旅馆注重房主与客人之间的交流活动，不仅能享受同样的餐食，还能体验部分农业或手工业生产活动。

5.启示

国外家庭旅馆给国内民宿产业发展带来的启示主要有：①国外家庭旅馆数量较多，分布状态分散，仍有口碑较好的所谓"网红"品牌，这种方式值得国内借鉴使用；②国外民宿行业对服务的重视，而不是单纯提供住宿和餐饮；③丰富民宿旅居体验，不仅从住宿和餐饮方面入手，还可以用农业、手工业互动的方式进行；④家庭旅馆依托景区或自然资源展开，反过来也可以完善这一区域的旅游接待能力；⑤家庭旅馆的经营实际上是一种双赢的模式，游客能够支付更低的价格享受更多的服务，房主又能经过自己的努力改善生活条件。最主要的是可以减少自然区域的人工建设痕迹，避免了大型连锁酒店的兴建；⑥需在有关部门的监督和管理下，不断完善家庭旅馆的服务功能，避免消极、负面的情况出现。

（二）欧洲民宿的产生及发展

1.英国民宿

（1）英国民宿起源及发展。英国的民宿与欧美其他国家的不同之处在于有限的国土面积使得它不得不对仅有的田园风光进行保护，因此，大面积的未被现代文明开发的区域成为家庭旅馆经营的天然摇篮。1960年后，英国中西部地区开始出现民宿住宅，主要服务对象是以露营为目的的城市人家。而后的几年里，英国政府陆续强化了对乡村及农场的保护，强调村民和农场主不能破坏区域内的历史文化，大面积的自然风光和田园景象也为民宿的开发奠定了游客基础。村民和农场主将自家房屋对外经营后改善了生活条件，进而开始自发地组建了有关民宿行业管理的民间组织。在1980年前后，"农场假日组织"在政府部门的鼓励下成为监督和管理民宿市场的又一大核心力量，该组织开启了英国民宿行业的评分标准，以星级的评判方式来判断民宿的硬件设施、服务标准、环境质量等关键因素，促进了行业发展。

（2）英国民宿的经营特点：①民宿的经营规模不大，不为了追求数量而降低客人居住体验，每个民宿接待人数在6人以内；②评判标准有一定的权威性，行业组织会对民宿的硬件设施、服务标准、环境质量进行评分，通过政府部门的复核确认等级，并不定期进行突击审查；③提升经营者服务专业性，由行业协会和政府部门组织对民宿经营者的相关能力进行培训，尤其是服务能力及接待水平；④加大民宿宣传力度，以高星级民宿带动行业口碑，形成良性循环。

（3）英国民宿的发展驱动因素。在以上经营特点得以落实之后，英国民宿业的发展十分迅速，因受到政府保护，大面积的历史人文空间得以保存且形成了较为完善的旅游观光区域。此外，农村地区的青壮年人口多涌入城市，民居住宅闲置情况较为突出，在经过简单改造后即可用于经营活动，不仅能够有效利用现有资源，还能避免新建建筑对环境生态的破坏。

（4）英国民宿产业的未来展望。英国民宿主要依托的是农业资源和田园景观，还有一部分历史人文资源，这就需要行业组织和政府部门挖掘此类资源的地域独特性，扩大生态旅游的特色服务范围。联合各个部门群策群力，一方面保证民宿服务质量，另一方面从地方环境资源入手，打造行业个性化发展。

2.法国民宿

法国民宿起步较早，最早是由贵族乡村度假活动的兴起带动的区域内住宅租赁的热潮。然而贵族活动始终是小众群体的个体化行为，直至近现代，法国民宿的发展才逐渐平民化。

（1）法国民宿的起源及发展。随着第二次世界大战结束，法国的人口多由乡村迁往城市，造成了大面积耕地荒废以及村落破败。而后法国实行了年休假十五日的制度，使得开发商逐渐对先前遗弃的郊区空地展开收购，并将其改造成乡村农舍，专门服务那些利用年休假游玩的人们。这一方法受到了城市游客的青睐，在保护一部分农田的同时又能够改善乡村面貌。

法国最早的乡村民宿在1951年得以建造，并以其优异的区域经济带动能力获得了地方政府的重视，于是政府开始扶持该地的民宿建设活动。4年后，各区域的民宿经营者成立了法国民宿行会性质的民间组织，并与"法国度假旅社联盟"携手推出高质量的民宿，只有符合联盟标准的民宿享有各种福利政策。

（2）法国民宿的经营特色。①经营规模的控制。为了使民宿经营者更好地服务游客，联盟规定法国民宿的房间数最多只能设定为5间；此种规模的民宿多为家庭型，由经营者及其家人负责实施管理，收费方式有按天计费和按周计费两种；②星级评定。法国民宿行业同样制订了评定星级，由"麦穗"来命名，一共5个级别，评判标准包括民宿设施完整度、环境舒适性、服务态度、卫生状况等；③民宿风格多样化。法国乡村地区的民居建筑风格特征多样，开发者们一方面对传统建筑进行修缮，另一方面新建了许多极具特色的建筑，这为游客们提供了充分的住宿选择。这一举动无形中也推动了法国对传统民居建筑的保护工作。

（3）发展现况。相较于其他国家的民宿经营政策，法国重视对经营者的鼓励，当房主持续经营该民宿达10年时，就会得到一笔政府的补助，用于优化和改造民宿。值得一提的是，法国每年在民宿建筑修复和改造上的花费多达一亿八千万欧元，与其民宿盈利收入不成正比。即便如此，其民宿产业仍保持着较为乐观的发展态势。

（三）日本民宿的产生及发展

日本民宿的发展在亚洲地区起步较早，日本社会将民宿看作是旅馆的另一种形式。

1.日本住宿产业的发展历程

日本社会在明治维新之后迎来了较大的发展，因学习和借鉴了部分西方文化，日本的住宿类型表现出本土化和西方化两种不同风格特色。20世纪50年代，日本出台了有关旅游住宿类的法律法规《旅馆业法》。

日本传统的旅馆是在延续传统住宅形式和生活习惯基础上，融入现代化住宅思维和便捷性要素构成的。西方文化影响下的旅馆则是由西方文化为一定"佐料"，融入日本文化形成的新事物。实际上，这两种类型均在民间流传，受本土居民的偏好影响不断调整。

2.日本民宿的起源及发展历程

日本民宿业的发展得益于旅游业良好的发展态势。1950~1960年，日本旅游业发展迅速，但景点当地的住宿服务未能跟上游客增加的速率，因此只能发展成型快、成本低的民宿业以缓解住宿压力。例如，北海道的乡村中，就有村民自行经营的仅提供食宿的"农场旅馆"，除此之外，村民仍以耕种田地作为主业。

3.日本民宿的类型

因受到本土文化和西方文化双重影响，日本民宿主要有日本传统民宿和洋式民宿。日本民宿是本土较为传统的民宿类型，既有私营，也有公营，部分地方还出现了由行会统一经营管理的情况；洋式民宿则是通过租赁的方式外包给专门经营民宿的人，作为投资。前者多出现在日本农村地区，后者则集中在城市区域或景点周边。

4.日本民宿的特点

与欧洲国家不同的是，日本民宿的营业规模并没有被限制，且选址都在有一定规模的乡村之中，一旦经营民宿，该建筑就不属于民用住宅，而是旅馆建筑。

5.日本民宿的经营特点

日本民宿十分注重游客的体验质量，除为游客提供精致得体的服务外，还需以特色产品吸引游客二次光顾。与欧洲国家民宿经营特点相似的是，日本民宿的经营者同样也成立了民间组织，而管理组织有明确的财团或法人，由他们对民宿质量进行考核评价，尤其是对居住体验进行多方位考察。

日本民宿产业在借助旅游势头的基础上，重点关注游客的实际体验。此外，全球范围内都在进行城市化建设时，日本民宿产业反而将市场定位至农村与非核心地段的区域，是一种较为新颖的经营理念。不仅如此，日本继承了其民族的传统手工艺技艺，并在一定程度上与现代文化相融合，打造出具有现代生命力的文创产品，在对传统民居建筑修缮的基础上开展文创商品售卖，更能突显出传统与现代碰撞的魅力。

（四）国外民宿产业总结

综上所述，欧美、亚洲各国的民宿发展过程较为顺畅，基本处于一种对旧有形式的继承和对新市场、新理念的创新，最终实现今天的面向产业多元化的发展趋势。

通过对各个国家民宿源起、发展动机、经营模式、特色打造等方面进行分析，可以发现欧洲各发达国家的民宿存在形式较为传统，依旧延续原先的经营模式，且重视对生态环境的保护与人文内涵的延续，民宿经营是生活的附加。并且民宿的风格因各国不同的传统建筑文化而各具特色，如一些古老国家的民宿外观延续了原始的石材和雕刻技艺，运用古罗马柱式或自然卷草纹作为装饰，烘托出悠久的历史氛围。室内空间也会使用自然元素颇多的装饰品及工艺美术运动时期的手工家具，朴素之余不失典雅之风，提供给游客不同的住宿体验。还有一部分民宿是在旧有建筑修缮的基础上进行简单的布置，旧有环境的生活气息被完好保存了下来，游客置身于此仿佛能够与历史对话，与传统文化进行沟通，是地方文化真实性的呈现。

相比之下，日本在西方文化影响下产生了多种民宿类型，因此，其民宿的定义和内涵并不纯粹。历史文化相对薄弱的美洲地区民宿类型风格较少，多为住宅型民宿。综上，能够发现各国的民宿类型和经营模式与我国家庭旅馆有着极为相似的地方，乡村旅游的模式与我国的农家乐也有异曲同工之妙。

第二节　我国民宿的发展现状

我国民宿的发展受到多方因素的影响，最主要的就是我国快速增长的经济模式使民宿风格和服务体验需要频繁地升级，由此成为民宿行业最大的挑战之一。掣肘我国民宿发展的另一大原因在于我国旅居行业的大力发展，一方面，只拥有土地使用权的民宿经营者难以长期维持民宿运营，以自家住宅中的空余房间作为民宿的数量居多，其余相关服务十分欠缺，导致产业链单一；另一方面，快速发展的社会经济推动了各行各业的商业化转型，使民宿产品在这种风气的影响下逐步接近私人酒店的性质，而国内尚缺乏行之有效的民宿管理办法，也未成立较为权威的评判机构来监督和管理民宿发展，与酒店的规范化运营有一定差距。

在以上问题的制约下，我国民宿发展仍有很长的路要走，且与星级酒店相比缺乏优势。诸多地方的民宿风格同质化严重，未能将民宿最大的潜力发挥出来，尤其是民宿的文化载体功能以及地域特色传递功能都被隐藏。即使是在我国少数民族聚居且有着丰富地域文化艺术特色的地方，如云南各市县，由于各种精品酒店打着民宿的旗号无序发展，脱离了民宿本身的内在含义，致使当地民宿口碑下降。

一、非标准化住宿类型对民宿的影响

我国除了以宾馆为主的标准化住宿外，还存在着数量众多、形式多元的非标准化住宿形式，例如，农家乐、青年旅社、家庭旅馆、客栈等。虽然名称多样，但究其本质与民宿基本没有差别，仅在少部分的服务功能和经营方式上略有不同。通过对这些差异性进行比较分析，能够得出它们对民宿行业发展的影响。

（一）客栈、民宿与青年旅馆对比分析

除了当下遍及各个城市以及占领各个旅游景点核心地段的连锁宾馆外，时下最具吸引力的就是民宿性质的非标准化的住宿形式。因民宿、客栈这一类型的经营区域同样位于较为核心的地段，甚至以景区内本地人的自住房屋用于经营，如湘西凤凰古镇、平遥古城等，这些民宿具备标准住宿行业所欠缺的个性化风格以及人性化的服务，甚至能让游客居住在景区内，推开门即是市集的良好体验，且别具一格的室内装饰风格也会提升住宿的整体体验。相较而言，青年旅社则不具备独立、私密的空间感，它注重游客之间的交流和互动。

民宿在这3种经营模式中实际上扮演的是融合者的角色，无论是住宿环境的标准化，还是当下游客所热衷的还别具一格的服务与非常规的体验模式，民宿在此基础上兼顾了文化内涵的表达以及游客之间的交流互动。但制约民宿发展的也恰好是良莠不齐的服务水准以及经营规模。

客栈的服务功能大于其情感沟通功能，个性化服务仅在"服务标准"这一单项上进行，并未形成较为灵活的经营方式。青年旅社与之相似，由经营者组织的特色体验较少，多是游客自发的交流。民宿在二者优势的基础上，继承了对地方文化的呈现，通过对居住空间独具匠心的改造，以及对经营模式的不断改进，逐级占领了非标准化住宿市场。

（二）乡村旅游住宿类型对民宿的影响

近几年我国旅游业发展态势良好，尤其是传统自然风光旅游模式得到了进一步的深化，依托原有资源逐步深入打造地方文化内涵，生态和人文成了游客热衷的关键词。随着旅游景点的升级，大众对旅游景区食宿的诉求也随之提高，民宿行业在这一情景下需不断进行优化改革，淘汰早期出现的较为混乱的住宅市场。

国内各个地方的民宿经营者纷纷开始思考地方文化的特性，以此作用于民宿外观和室内装饰上，进而配合本土化的服务方式，潜移默化中转变了以往借鉴其他国家和地区民宿风格的惯性思维，完成了本土化的转变。

任何新事物的产生和旧事物的灭亡都会对处于变化中心的主要参与者造成较大影响。传统观念里，客栈是较为古老的建筑形式，也是非标准住宿中较为原始的民居形式。民宿要想对传统加以保留，不得不借鉴其装饰风格和工艺手法，倘若民宿以地方传统民居建筑为载体，就需要在保护的基础上进行改造。而家庭旅馆就能较好地应对此类问题，自住用房和自住提供的餐饮服务更多的是建立在自由和随意的基础上，是乡村中民宿的另一种表达模式。随着现今互联网和社交媒体的大力发展，人们能够随时随地接触到所谓"外面的世界"，这也变相促进了文化逐渐统一的趋势，对旅居住宅环境的要求反而成了游客表达真我、抒发个性的另一种方式。乡村民宿室内环境的营造重点围绕房主与游客之间的交流、游客与游客之间的沟通便捷性进行，这一点受到了青年旅社特点的影响。

二、国内民宿范围的拓展

今天我们所提及的民宿的概念逐渐明晰化，其关键特征就是营业执照是否办理，通常城市区域如北京各个胡同中经营的民宿均是在办理了营业执照的情况下进行民宿经营活动。但广大乡村地区因景点小众且并不是以营业为主要收入来源，就没有办理营业执照。二者都是将自己的住宅建筑加以出租，因此房间数量较少，游客能够与房主同吃同行，感受地方民俗文化。

在此基础上，国内的民宿充分运用所在地的环境资源，尤其是借助目前全国乡村振兴的发展势头，使游客不仅仅能够欣赏自然风光，感受乡野乐趣，还能接触地方文化，增强民族自信。

（一）当下民宿范围的扩展

1.民宿产业的内涵变化

除了乡村中未能办理营业执照的民宿外，其他地区的民宿经营形式逐渐开启了转型道路。目前有的民宿建筑是由原主人外包给专门的民宿经营公司来打理，也有外聘服务人员的情况，他们均致力于打造具有良好品牌的民宿口碑，具备较强的市场竞争力。

2.民宿具有诸多不同要素

民宿的服务性质和构成形式也不单单仅为住宿和餐饮，尤其是非乡村地区的民宿。它们的发展吸收了农家乐的体验活动与商业酒店的部分标准化服务，逐渐由少数人经营转变为集体经营，客户也不仅仅聚焦于年轻群体，逐渐形成了一套成熟的模式。

3.民宿的"个性化"理念

民宿因其古老的家庭属性使得它的升级与改造无法脱离某个家庭的"个性"，注定了它的小众化和特色化，可以将其视为家庭在住宿空间的个性凸显。因此，无论是外观还是内部空间，民宿都是体现个性化的绝佳载体，不同的民宿经营者有着不同的服务理念，再加之性格万千的旅客，使有关民宿的评价十分多元化，这也正是人们对民宿的个性化认知的由来。

4.民宿众多类型的原因

根据对民宿定义及功能的分析，能够较为详细地了解住宿行业的分类和具体表现形式，并总结出民宿较为多元的业务范围。以云南丽江的"花间堂"民宿为例（图3-1），作为一个依托丽江古城旅游景点开展民宿经营的品牌，早期是以精品客栈为原型，因其较为古朴的建筑外观和室内装饰风格，随后扩大

图3-1 云南丽江的"花间堂"民宿（图片来源：小红书）

经营成连锁店并延续了其古镇样式和装修风格。这种改造在设计手法不同于对民居建筑传统的修缮行为，故有着个性化表达和非程式化的设计手法，因此也可用民宿来定义它。

借助"非标准化"这一民宿连锁酒店评判标准，诸多精品酒店经营者打起了个性民宿的幌子，如浙江莫干山打造的裸心谷民宿（图3-2），其早期是将西式建筑加以改造，用于住宿接待，品牌及口碑建立起来后，开始扩大规模打造奢华的度假酒店，所在村落也因此成为奢华度假村。事实上，这种规模的扩张无疑是提高了该住宿环境的豪华程度，但随之增加的也是游客的住宿成本，然而其仍然具备较为独特的建筑形式，有非标准化的特征，在某种程度上也可称为民宿。

图3-2　浙江莫干山打造的裸心谷民宿（图片来源：裸心度假官网）

（二）现今民宿与传统民宿的对比

从民宿的发展历史可以发现，除了因社会进步催生的人们审美变化导致的民宿外观及形式构造变革，以及时代特色赋予民宿需要满足社会需求的因素之外，民宿主体及核心服务范围并没有实际更改，只是有了更加丰富的存在形式。经营者的身份也发生了转变，在部分地区，民宿经营已经作为他们的主业进行打理。

三、当下国内民宿的不同类型

对民宿的发展历程进行梳理后，能够发现当下民宿的经营模式十分宽泛，其定义也不仅仅是最初的原始经营模式，因此需对其进行进一步细化，通过地区、资源构成、服务类别对民宿加以分组，以总结归纳出不同类别的民宿所具备的优势，为后面民宿设计相关内容提供理论指导与方向。

1.以民宿所在地区分类

可以分为城市民宿、非城市民宿、乡村民宿、古镇民宿四大类型。城市民宿即是指位于城市中心区域以楼房或老城区民房为载体的民宿。乡村民宿位于乡村中，主要经营者为村民。古镇民宿则位于旅游景点内，如丽江古城、凤凰古镇等。非城市民宿位于郊区一些较为偏僻的小众景点处，例如，生态文明小镇、某些城市外环附近的农业种植园等。

2.按民宿的依托资源分类

民宿周边或多或少都会有一些供游客旅游观光的区域，最直观的就是古镇民居依托的历史文化小镇。乡村则有生态文明村、历史文化村、美丽乡村等旅游资源。城市民宿依托的资源多为城市中的地铁站、商业中心等核心区域。非城市区域则是拥有较为良好的生态景观，供城市游客短期旅居。

3.按民宿的服务功能分类

从原先单一的住宿和餐饮演变为今天的多元化体验方式，如今可将民宿分为传统家庭型民宿和体验性民宿，前者体验活动多围绕日常活动进行，后者能够为游客提供一些颇具特色的服务，例如古镇特色服装租赁、美食制作教学、田园采摘等活动，且这类民宿多居中在历史文明古镇之中，相较于标准化住宿，显然有着更具市场竞争力的特色服务。

4.按民宿的产权、经营分类

分为"自有型"和"外包型"。较早期的民宿是住宅的主人自己经营，其产权属于经营者本人，服务员也均由其家属担任，收入分配模式简单，可以称为"自有型"民宿。时至今日，这种模式已经发生了较大改变，传统模式延续的情况多出现在乡村地区及城市区域，其他地方已经十分少见，因入住率较低，仅能作为副业经营。"外包型"民宿的所有者会将自有住宅全部租赁给他人，或是委托专门的公司合作从事经营活动，这种方式诞生于物质条件较好的今日，村民有条件把老宅全部进行托管，自己有另外的住所。这种情况多出现在古镇旅游区和美丽乡村中，能够作为主业经营，入住率较高且服务更加专注。

随着上述两种经营模式的产生，就衍生出另外两种民宿经营类型，一种是个体经营的以家庭为单位的经营模式，数量较多且多集中在乡村旅游区、市中心商圈等地；另一种则是基于外包型民宿经营类型衍生出的连锁式经营模式，因外包型民宿不再作为所有者居住使用，全然演化为商业用途，入住率提高和服务质量的提升带来的必然结果就是接待能力的不足，因此就会催生连锁店的产生。通常连锁式的民宿会以较高的服务水准和奢华的装饰为核心竞争力。

5.按民宿空间的营造类型分类

分为改造型民宿、新建型民宿。民宿的经营初期必然面临的一个问题就是环境的改造，部分乡村民宿和古镇民宿因出于建筑遗产保护的目的多采用改造的方式，其他区域也会新建一些具有现代特色的住宅建筑，如集装箱式的民宿建筑。

6.按民宿的区域分布分类

分为群落型民宿和单体性民宿。某一个地区的民宿绝不会以地方垄断经营的模式出现，多会围绕当地的资源，以不同地理位置或不同观景区域来区分，因此可根据民宿在区域内的分布形式进行分类。第一种类型是聚居式民宿，这类民宿规模较大，通常集中在旅游景区内的某一个区域，这个区域内基本上都是民宿建筑，同时也会出现临街餐饮和商业街等衍生产业，例如厦门的渔村改造成的民宿曾厝垵（图3-3）。这些地区的民宿都因低廉的价格和极具特色的氛围有着较高的口碑，第二种民宿布局就不如上述形

图3-3 厦门的渔村改造成的民宿曾厝垵（图片来源：去驴行）

式密度大，其民宿以单体建筑的形式出现，或是一个院落单配2~3个民居，这种民宿多出现在乡村区域，民宿和民宿之间实际上就是村民和邻居的关系，因此房屋数量较少。

四、国内最具代表性的民宿类型

（一）依托不同资源的民宿类型

乡村发展民宿业必须建立在一定的旅游资源优势上，合理整合及利用周边资源能够达到吸引游客的目的，同时也能为民宿体验制定体验主题。本节分析周边资源的种类，以人文环境和自然生态为出发点进行细分研究。

1.建筑遗产居住体验

现如今人们对旅游目的地的期待不仅仅是有优美的风景，还有诸多地方性的人文体验，这就为建筑遗产改造民宿提供了发展出路。安徽宏村中的张公馆民宿即是由徽派建筑改造而来（图3-4），有着长达三百余年的历史。这种民宿文化有着强烈的在地性，能够通过未知的场景氛围吸引游客前来探索。相较于传统旅游对建筑遗产远远观望而言，居住在其中则更能实现游客对"体验"的期待，仿佛置身于历史之中，品味过往历史中那风起云涌的浪漫往事。

图3-4　安徽宏村中的张公馆民宿（图片来源：携程旅行）

2.自然风光观光体验

这类民宿多依托周边的环境资源，相较于城市地区，乡村本身就具备环境优美、开发程度低等优势，开发者们借此开展一系列旅游观光活动。民宿的设计则多会以自然观光为要点进行，例如，设置面对山水的落地窗、环绕式阳台、无边泳池等，尽可能将风景与人居环境无缝衔接，充分发挥建筑对人的视觉引导功能。

松阳县西坑村中的过云山居就采用了这一策略（图3-5），一层休闲空间及二层客房的朝向均位于风景最佳的方向，且客房底层运用悬挑的方式架空，给居住在此处的客人带来置身于自然环境之中的错觉，通过无遮挡的窗户将目光引导至外景，完成对自然风光的资源借用。

图3-5　松阳县西坑村中的过云山居（图片来源：携程旅行）

3.农业休闲体验

乡村环境中最为常见的是农田景观，旅游开发活动通常会借助乡村的农场、牧场、草场区域及其农业资源开展一系列体验活动。例如，贵州黎平观景梯田客栈利用农场的农业资源打造独特的梯田景观，民宿建筑由梯田旁的农舍改造而成，可沿栈道穿梭在稻田之上。牧场和草场通常相互依存，广袤的草场不仅是极具自然特色的旅游观光地，同时也是畜牧业发展的天然温床，游客在此还能体验相关的放牧活动（图3-6）。

由此可以看出，无论哪一种体验方式，其乡村旅游及民宿业发展均依托环境及人文资源，并呈现出多样化的特色。又由于其中某一种资源特征较为明

（a）客栈   （b）梯田

图3-6 贵州黎平观景梯田客栈（图片来源：携程旅行）

显，就会被开发者放大体现。这就需要在民宿设计及规划初期，详细走访调研村落环境，确定其主体优势。

（二）个体型民宿和连锁型民宿

个体民宿和连锁式民宿各有其适用的区域，也可以把其称为单体型民宿和群落型民宿，一般以单体建筑或是院落建筑群的形式出现，不会与其他民宿大面积地聚集在某一个区域。这两种形式的民宿重点研究的是有一定连锁规模的群落型民宿，其主要改造对象为地方民居建筑，例如，浙江莫干山地区的裸心谷民宿、藏式风格的松赞民宿，以中国传统家文化为主的花间堂民宿及山里寒舍等。

1.莫干山民宿群

从最初的单体建筑改造到后来的品牌文化构建，莫干山地区展开了一系列的民宿经营规模扩大活动。随着国内旅游业近十年突飞猛涨，人们对自然生态的要求也逐渐日常化，因此，莫干山的生态民宿群形成较为稳定的消费市场，游客既能够在此与生态环境近距离相处，同样也不会以损失生活质量为代价，这一态势甚至直接成为当地旅游业十分重要的经济来源之一。该区域的民宿在近些年的发展中逐渐向中高端度假酒店靠拢，从市场评价来看，因标准化程度过高裸心的民宿产品基本与民宿理念背道而驰，其服务对象和价格定位也都与民宿大众化的理念相违背。然而不得不承认的是该民宿产品的发展源起于莫干山地区的传统建筑，是以民宿为出发点（图3-7）。

图3-7　裸心乡的民宿（图片来源：裸心岭　裸心官方网站）

　　最早于2007年，裸心乡将当地的民居建筑加以修缮后进行营业，此时的民居建筑多为白墙青砖的中国传统硬山结构，层数为1~2层，通过对外墙的翻新以及内部空间的重新装修达到旅游接待的水准，此外，还改善了村落环境，完善了部分村落设施。裸心乡的民宿发展时间较早，有着明显区别于宾馆的地方，其提高了乡村旅游较为落后的居住水准，经营理念较为先进（图3-8）。当第一阶段的乡村建筑改造民宿取得了一定成绩和规模之后，开发者们延续了"裸心乡"的名称，在此展开了扩大经营规模的相关工作，其首要目标就是打造具有综合旅游接待能力且向中高端度假酒店靠近的大规模片区。在一系列仿民居建筑风格特征的新建建筑和别墅建成后，2011年开始营业第二个项目"裸心谷"。由此可以看出，莫干山区域的民宿类型显然已经扩大至一定规模，呈现出连锁式的状态，产品不仅有较为大众化的民居民宿，还有高端产品别墅租赁。可以发现，民宿行业的发展可以借鉴"裸心乡"的规模扩大模式，从而形成系统的区域化品牌：2015年"裸心帆"、2017年"裸心堡"、2020年"裸心泊"（苏州太湖）、2021年"裸心园"（郑州伏羲山）、2022年"裸心岭"（南京无想山）。

莫干山地区的大乐之野民宿（图3-9），整体由5栋建筑组成，建筑的内部功能区域十分完善，卧室、厨房、卫生间应有尽有。除了旅游观光外，不需要游客走出房门即可完成一系列生活需求，因此建筑之间间距都在10米以上，游客之间交流甚少。这种形式的民宿适合在较为开阔的地段建造。

2.藏式特色民宿"松赞"

"松赞"是位于川藏地区的民宿品牌，实际上"松赞"的形式更像是精品酒店，它的连锁范围呈现出跨区域的特点，不像是同一区域内的多种民宿类型，而是分布在香格里拉、梅里、塔城等6个地方，其风格特征与民宿十分相

图3-8 裸心乡的民宿（图片来源：裸心泊 裸心官方网站）

图3-9 莫干山地区的大乐之野民宿（图片来源：小红书）

似，均是将本土的文化元素糅杂进住宅空间中（图3-10）。尤其是松赞早期民宿，无论是外观风格，还是细节把控均有着较高的水准。此外，还会为居住在此的游客提供店家制订的川藏旅游路线，这是其他连锁酒店所不具备的优势。值得一提的是，这些路线的制定并非旅游团的常规线路，而是根据不同人的旅游需求进行衔接穿插，有着个性化较强的定制特色。现如今分布在川藏地区的松赞酒店共有6处，其选址均为风景秀丽和交通便捷的位置，且与周边的自然环境资源有所联动。松赞对民宿业发展的启示，一方面在于其风格特色的打造，另一方面就是服务质量的提升。

图3-10　米林松赞南迦巴瓦山居（图片来源：携程旅行）

3.原始村落打造的民宿品牌——山里寒舍

山里寒舍位于北京密云的干峪沟村，该村落的民宿以整村为范围进行大规模的改造，然而此种改造并不是大刀阔斧地对其外观进行破坏，而是不改动民居建筑的外观，对其室内空间加以优化，形成了较为古朴的休闲度假村庄，因原始的村落风貌受到周边城市游客的一致好评（图3-11）。在此基础上，首旅寒舍酒店管理有限公司又对北京市密云北庄镇黄岩口村中的5套院落进行民宿改造，使其完全进入村落的生活当中，并打造了名为"山里逸居"民宿（图3-12）。这两个改造项目无论是村落环境，还是建筑形式的审美水准都十分可观，使大批量地从农村搬入城市的游客群体，能在这里找到儿时的快乐以及乡愁的感悟。山里寒舍的民宿特点始终贯穿其改造始末，除了其经营模式不再延续由村民个体经营外，其余形式和规模的改造均较为保守。从最初的几套民居作为试点，到后

图3-11　北京密云的干峪沟村——山里寒舍位民宿（图片来源：携程旅行）

图3-12　北京市密云北庄镇黄岩口村——山里逸居民宿（图片来源：携程旅行）

来逐渐扩大数量和涵盖面积均如此。相较而言，该品牌对黄岩口村的改造更偏向于注重居住体验，注重人居环境与自然生态之间的互动。以上两个村落的民宿均带有自己的院落，以最大程度的还原乡村生活本真的乐趣。

4.花间堂连锁民宿的生成

花间堂目前在周庄、苏州、杭州、同里、无锡、阆中等地均有连锁店，且多坐落在一些具有历史文化古镇的城市。一方面，依托古镇中的人文旅游资源达到吸引游客的目的；另一方面，古镇中有大量的地方传统民居建筑，能够为民宿改造提供现实载体，或者为新建建筑提供真实的参照依据。早期，花间堂这一品牌在丽江古镇落地，通过对古镇四方街中建筑的修缮与改造成立第一间民宿建筑，因民宿位置就位于古镇中，游客能够一出门就步入古镇感受传统民俗、地方民俗与乡土民族文化与地方风情。

花间堂丽江民宿取得一定成功后，就将此种经营模式如法炮制至其他地区，尤其是历史文化较为深厚且有古镇资源的地方。花间堂所做的民宿改造工作是值得借鉴的，它的改造并非对传统建筑的否定，而是在保护的前提下采取继承的手法，因此也出现了较多受政府单位保护的传统建筑作为民宿对外经营使用。例如，在周庄古镇中将挂有文物保护单位的建筑进行民宿营业，还有同里古镇等（图3-13）。

图3-13 同里花间堂（图片来源：携程旅行）

（三）新建型民宿和改造型民宿

1.新建型乡村民宿

新建型民宿指的是在旧有建筑完全拆除的情况下，根据当地建筑旧有外观样式和部分营造技艺所建造的新的建筑。例如，莫干山的清境原舍民宿，其所在地原为一所小学的校舍，因废弃程度过高且不再具有保护利用价值，于是拆除后新建了该民宿建筑。新建建筑采用了大量传统材料，外观上也有一定的历史延续性，与当地民居有较强的融合性。值得一提的是，新建建筑的体量感十分重要，不应过于追求高大全而破坏了建筑所在地的整体风貌（图3-14）。清境原舍民宿在这一点上做得十分恰当，其建筑的高度和长度与民居住宅几乎无异，隐匿在茶田之中有着极强的自然协调性，也正是因其这种静谧和隐约的朦胧感，为游客营造了慢节奏的乡村氛围。

图3-14　莫干山的清境原舍民宿（图片来源：小红书）

实际上，新建的民宿建筑不一定必须严格按照旧有建筑进行设计，因为这样无疑是复制了一座传统建筑出来，其实际价值及保护意义并不大，且在某种程度上抑制了设计者的创意思维。传统建筑文化的出路并不是原封不动的还原，而是借助文化底蕴和原始审美向现代社会迈进，走出历史的桎梏。因此对旧有形式和材料的延续只是一种新建手段和方式，应鼓励新建建筑的创新。

然而这种创新并非无序且天马行空的，延续乡村环境的生态性是不可违背的新建原则，建筑的创新精神要建立在保守的态度之上，加之乡村改造的资金和材料获取的便捷程度不如城市，过于奇思妙想的建筑设计方案在此处是不太适合的。

对于那些传统建筑早已消失甚至是没有适合发展民宿行业的地区而言，新建民宿建筑是较为合理的方式，有些村民自发地自建房屋经营民宿，同样也属于这一范畴。新建的民宿建筑一般有传统风格和现代风格两种。浙江嘉兴的西塘古镇中的新建民居建筑"饮居·九舍"（图3-15），它的新建建立在开发者对地方文化深入研究的基础上，建筑与环境、人文之间的联系并不违和，能够体现出较强的适应性，这种新建建筑即是对传统风格延续的模式。

2.改造型乡村民宿

新建建筑的创意性与改造民宿的原真性以对立统一的状态呈现。改造的前提是要对旧有建筑进行评估，筛选出其改造的必要性以及遗产价值的保留程

图3-15　民居建筑"饮居·九舍"（图片来源：小红书）

度。这就决定了改造型的民宿不再依赖创意，而是依据现实进行。改造民宿是对原有建筑外观或部分构件、内部空间进行修改或变更，使其具备一定的现代住宅需求。显然改造并不等同于再造，此项工程仅仅只是对局部抑或是某个建筑构件加以调整，大体并不改变原有建筑的历史风貌。因此改造型的民宿多位于传统民居建筑较多的地方，多为未被现代文明吞噬的乡村地区。还有一部分是19世纪末20世纪初受历史文化影响留下的近代建筑，这类建筑承载了较多的历史和人文因素，同样也是保护价值大于新建意义的建筑形式。

　　根据民居改造程度的不同可以将改造方式分为3种：①"修旧如旧"，意为不进行任何创意发挥，全然根据建筑原有形式进行修复；②"新旧并置"，指的是在建筑中有明显的现代材料和结构，与原始形制形成对比，二者形式上独立存在却在结构上相互依赖；③"修旧成新"，利用旧有建筑中还可以使用的材料和建筑构件，与新材料相融合形成新的建筑外观，没有明显的新旧界限。

　　（1）"修旧如旧"。修旧如旧是建筑遗产保护最常规的一种修缮手法，其适用于历史及人文遗产价值较高的建筑物，对旧有建筑只需要进行保护，对破坏损毁的地方加以原真性修复即可，尽可能延续传统建筑的寿命。然而这种情况较少发生，传统建筑的天然材料有着自然淘汰的周期，此外地方乡村中具有此种保护价值的建筑遗产所占比例甚少。

江西省婺源县西北部有一个西冲村，其中的传统建筑保护手法即是以修旧如旧的形式进行。西冲村的传统建筑以徽派风格为主，最早建于清朝道光年间，因村中经商人数较多，封建时期村内经济较为发达，祠堂、学校、庙宇等建筑设施十分完善，尤其是民居建筑的装饰结构和细节处的工艺十分精致巧妙，体现了当时较高的建筑艺术审美高度（图3-16）。村中建筑多为砖瓦结构，故修复的时候不用过多地替换建筑材料，加之较高的保护规格十分适用修旧如旧的保护手法。近几年，村中建筑得以翻新并融入了现代服务功能，尤其是原始的马头墙和错落有致的房屋高度，与室内的现代感较为协调地融合在了一起。

（2）"新旧并置"。新旧并置的保护手法实际上是想要凸显传统建筑中原始和现代元素的对话，通过原始部分的完全保留和现代工艺及材料的功能性弥补完成建筑的修缮和保护工作，能够让游客清晰明了地分辨出哪些属于原始特色，哪些属于后期创意保护手法。例如浙江温州的泰石村，村中的建筑有着较为典型的欧洲建筑风格，整体由砖混结构搭建（图3-17）。改造的方式则是对部分外围墙体的重新涂刷，内部格局进行更合理的调配，增大空间利用率。另外，对一些房屋不尽合理的地方加以改善，例如对通风条件和采光情况的再次

图3-16　婺源墅家百年故里清代文化馆（图片来源：小红书）

考量，可通过增大窗户面积，增加通风管道的方式提高室内的人居舒适度。为了使其具备客房的特点，还需用外廊加以房间区分。浙江安吉的隐居山野民宿同样也是通过对乡村传统住宅民居加以改造而来（图3-18），采用的手法多为结构的加固和部分破损区域的修补，尽可能地延长传统建筑的使用寿命，在此基础上再考量能够凸显设计思维的方式和渠道。上述各种民居的保护和改造均建立在较为保守的思维模式上，对于一些传统民居彻底消失的地区和村落，可采用新建民居的方式，也有部分地区的民宿为了尽可能扩大经营规模，选择了扩张院落或加盖楼层的方式。

（3）"修旧成新"。传统建筑新与旧的对立实际上体现在建筑材料的老化程度上，并非本质上的对立，故修缮的部分在某些情况下不用刻意强调材料的新和旧。对建筑原始材料的再应用的思维在这一情况下运用而生，并为改造带来

图3-17　温州市永嘉县泰石村悦庭楠舍设计师酒店（图片来源：携程社区）

图3-18　浙江安吉的隐居山野民宿（图片来源：安吉开臣·息心庐民宿　小红书）

了新的灵感。

以莫干山的大乐之野民宿为例（图3-19），能够通过建筑外立面的落地窗清晰地分辨出内部的原始承重柱，该木材顶部的横梁以及桁架结构都得以保存。但需注意的是这一传统结构在当下建筑中并未充当承重结构，上层建筑和楼板的压力已经通过改造分散至四周的承重墙上了。这种情况下原始结构的"旧"反而成了该民宿建筑的新颖之处，通过对旧有建筑的二次使用成功地赋予其新的功能性，并为新的构筑物增添灵魂。

图3-19 莫干山地区的大乐之野民宿（图片来源：小红书）

以上3种方式没有优劣之分，其区别仅体现在保护和改造对象的遗产价值层面，根据其实际情况和需求进行选择才是开发者们需要思考的问题。

综上所述，对民宿的设计研究必须对地方人文和自然生态有所了解，不可脱离本土环境无序开发。那些保存情况完好的民居需尽可能延续它原始的外观样式，并采取一些有效延长使用寿命的方式，材料的替换也需要在样式、颜色、肌理等方面进行精心挑选。

五、国内民宿的商业开发方式

（一）民宿商业经营策略

我国民宿的种类和经营形式决定了它的运营方式。初期民宿运营方式十分简单，仅为自发型，随着经济转型和民宿规模扩大，逐渐又出现了政府主导型和商业主导型两种。其中较为特殊的形式就是政府主导型，政府会调动社会资源，整合对民宿发展有力的因素，例如，设计师、村民、地方文化研究者等，政府主要起监督和管理的主导作用，实际上更像是多方合作运用的方式。例如浙江省松阳县"柿子红了"乡村、安徽的西递和宏村，都是该乡村在政府主导的基础上，吸引艺术家前来写生创作，以此建成了高校学生尤其是绘画专业学生的写生基地，进而带动了地方民俗业的发展。其过程大致如下：首先由村民自行组建合作单位，将自家住宅的空余房间进行改造，建成上下铺多人间。然后在形成一定影响后，将部分房型调整为标准间，专门为画家提供住宿。最后一个阶段就是当基本的商业模式形成，能够承接一定数量的考察、研学、写生活动时，上下铺房型可用于学生居住，而所获收益开始加建民宿，最后有了现在的样子。

政府主导的意义在于，前期发展过程中政府以租赁的形式承包了村民们房屋20年的租期，同时村民不用搬离房屋。这种模式增强村民的参与性，潜移默化地推动了该村民宿业和旅游观光业的发展。

（二）民宿产品的商业构成内容

商业性是营利性行业必然追求的目标，如今的民宿大多数已经转变为经营者主业且以营利为目标，因此与民宿相关的产品与服务项目也逐渐增多，沉浸式体验服务和带有地域文化特色的文创产品也日益增加。

近十几年，我国民宿产业发展较为快速，其经营理念和空间营造方式均有较为明显的发展。通过对民宿与其他主要非标准化住宿类型的对比分析可以看出，现今的民宿主要以个性化、人性化以及展示地域乡土特色为特点。民宿也在受到各类社会因素及非标准化住宿类型的影响下形成了具有现代设计要素的本土地域文化民宿建筑空间，同时具有与以往不同的多种商业开发与经营方式特点。在新时代背景下，我国民宿产业受到多重因素和其他产业的影响，形成了不同的民宿类型，根据其依托资源、营造类型、产权经营方式、开发方式等呈现出了百花齐放的现象。对这些类型进行详细分析后得知，海南传统村落的乡村地区应当根据不同的实际情况因地制宜地进行具有地域文化特色的乡村民宿改造活动。国内自上到下各个层面对于民宿产业的规范及管理将使民宿产业得到健康的、可持续的发展。

第三节　乡村民宿与传统村落民居的保护利用关系

一、乡村民宿在村落遗产地及民居保护中的在地性利用

（一）村落遗产

有关村落遗产的评判在世界范围内有着较为相同的标准，大致遵循的规律就是地方文化及建筑遗产的稀缺程度，例如我国安徽的西递、宏村等，其级别是世界文化遗产，在世界范围内都具有较高的保护价值。

入选世界范围内的文化遗产，一方面能够得到较多的资源对区域内的聚落、民居、设施进行改造，另一方面还能通过整体风貌的提升改善旅游的质量，吸引更多游客前来。因此，近年来国内各个地方的传统村落都不断挖掘自身文化及建筑遗产，从省级、国家级、世界级逐层选拔。对这些案例的分析和研究，能够对本研究后续部分探究黎族传统民居建筑保护与旅游发展提供帮助。

（二）村落遗产的保护价值与利用

1.村落遗产的内涵与价值特征

评判一个村落的遗产价值是否丰富需要从多方面来探讨，完整的聚落形态和建筑外观是最为基本的要素，还囊括了村落的传统手工艺、特色民俗、历史文化名人等较为综合的乡村生态体系。围绕这些体系又可以将评判标准划分为环境要素、人文要素、生产要素等，这些是村落形成之初作为人居空间与自然空间相互联系所具备的各个方面。

这些遗产的挖掘是对地方文化强有力的保护保障，同时在当今社会中也具有不可小觑的商业力量，具体体现在乡村旅游的开发、美丽乡村的建设上。目前

我国对乡村振兴的工作十分重视，既是对传统农业生产和乡村自然风貌的重视，也是对人们渴望回归自然，重审人居环境和自然环境物我关系的另一种表现形式。村落遗产之所以能够有价值延续，具体由以下四点展开。

（1）独一无二的遗产价值。一个地域的村落遗产有着独一无二的特性，正所谓一方水土养一方人，中国辽阔的国土面积使得气候条件较为复杂，因此也衍生出不同的生活方式和生活习俗。在漫长的岁月更替下形成了特色鲜明的村落生态组成要素，有着极强的地域独特性。

（2）个性鲜明的自然及人文景观。不同地域的气候环境同样会产生不同的自然生态特色，加之不同民族的自然开发方式和手段，就形成了地域特色鲜明的自然景观和人文景观。

（3）村落遗产内容的多样性。村落的遗产不单单包含了人居环境中的诸多要素，其范围也包含了整个聚落环境在内的生态和人居空间。这需要研究者着眼于宏观概念中的聚落民居，将村落与周遭的自然环境紧密联系在一起思考问题。

（4）价值利用的针对性。不同地区的村落遗产价值各有侧重，可以根据这些文化价值的差异性有针对性地开发一些旅游活动。我国村落遗产的特点是农产业发达且村落规模较大，具有较高价值的农业观光资源和生态文明资源，这也为民宿开展提供了地域基础。

2.村落遗产地的乡村旅游利用原则

传统村落及其民居建筑之所以能被称为"遗产"，是因为它有着不可再生的特点，是一个地方甚至世界范围内的人类生产活动文明的印记，因此对遗产的保护是多方位多维度的，即原始的形态、生活生产模式、民俗民风等。此外保护的同时要注重活态传承，注重遗产使用价值的可持续性，大多数采用的方式就是旅游开发，这就需要制定开发原则用以防止无序扩展的情况发生。

（1）遗产保护优先。对于遗产的保护是开展任何活动最优先考量的因素，无论何种开发模式和规划，对于村落遗产、建筑遗产等不可再生的物质，必须遵循保护优先原则，避免用任何一种有可能造成破坏的手法进行开发。这就需要村落遗产在旅游开发的过程中受到多方视野的监督，控制开发力度。

（2）适度性原则。一般来说，开展旅游业尤其是生态旅游是原始村落可持续发展较为合适的一种方法，能够通过控制客流量的方式调控村落的承载力，给予环境现代价值却又不需要其担任过重的义务。此外，旅游观光还能达到传承和弘扬文化的目的，属于多方共赢的一种模式，但一定要全面考虑，要适度、适量、适当地进行开发。

（3）旅游市场导向的原则。旅游活动并非是单一的游客出行观光行为，它包含了人们对目的地的价值期待以及游玩时景区对其期待的价值反馈，这种反馈来自多方面的感知因素，因此旅游开发需根据市场的需求进行调整，以此达到良好的旅游效果。

（4）村民主体原则。村民是村落遗产的主人，也是最为熟悉此处环境的人。旅游开发及利益分配时需尽可能地考虑村民的意愿，对于村落生态的维护以及民居建筑日常的修复和管理，他们才是最为专业的人员。

3.村落遗产地的乡村旅游利用途径

乡村旅游的模式能够在一定程度上带动地方经济收入，更通过旅游观光活动达到了对地方文化和建筑遗产的宣传作用，唤起游客对本土历史人文的重视和保护的意识。

（1）加强村落遗产地价值保护。乡村开展旅游最重要的环节就是通过对其建筑遗产的保护，完整地呈现出其历史人文价值，以原真性的村落风貌和民居建筑形态达到有效引流的目的。这种模式在安徽的传统村落中体现得较为明确。这里民宿数量较多，多由当地民居修缮，不仅在外观形式、装饰构件上有着较强的原始性，材料也尽可能使用原汁原味的天然物料。开展修缮和维护工作时应当避免"保护性破坏"。

（2）旅游发展的可持续性。当下诸多以人文及生态为主题打造乡村旅游的村落，多在商业加持的情况下不断扩大其规模，然而全面快速推进的同时就造成保护水平的不匹配，虽有保护意识但无保护行为。因此需要结合地方实际情况制定适合的开发方式，而不是掠夺式的改造。乡村民宿这一产业能够较好地将传统建筑加以运用，结合传统文化打造地方特色，其本质是属于对地方建筑遗产的保护，进而延伸出现代体验感较强的使用功能。

（3）针对市场需求开发旅游资源。我国旅游市场的分类是紧密围绕着游客的需求进行的，村落旅游中包括了文化旅游、探索旅游、研学旅游、度假旅游等多种模式。当下村落旅游的发展多集中在对村落基础设施的完善阶段，人文内涵及深度的探索还需进一步研究。传统民居建筑作为乡村中体量最大、数量最多的物理空间，实际上扮演的正是历史人文传导者的角色，同时也具有旅游的服务功能。民宿业的开展是提升村落整体旅游质量的有效策略。

（三）村落遗产地保护利用中民宿的在地性利用案例

西递、宏村是安徽省年代久远的两个历史文化名镇，最早可追溯至北宋绍兴年间，千百年来仍保持着极为古老且完整的建筑形式及街道外观，黄山市黟县的宏村更有代表性。西递、宏村于2000年被联合国教科文组织列入世界文化遗产名录，西递镇也享有中国十大魅力名镇和历史文化名镇的荣誉，这均是由于该地的建筑样式特色鲜明。在徽派传统文化的影响下，此处的民居建筑均是以白墙青砖为材，山墙样式独具匠心，建筑之间遮挡与交错呈现出了较为鲜明的地方宗法制度和优雅的民风民情。

宋朝是我国封建王朝中经济较为繁荣的一个时期，诞生于此朝代的西递镇与宏村镇因此也反映出丰富的时代风貌和文化底蕴。除了常规的聚落和建筑外，此处还有餐饮、医学和艺术等非物质文化遗产。在上千年的演变和发展过程中，镇中的各个自然村保留下来了原汁原味的商业模式和原始社会结构，通过聚落形式和布局展现出了当时的阶层差异。因此，西递、宏村是当代社会研究中国传统乡村文化和历史的最佳村落。

1.西递、宏村的村落保护与利用

对西递、宏村的保护须在世界文化遗产的管理原则下进行，一方面对人文景观加以保护，另一方面就是抑制旅游业、商业所带来的人为破坏，以保证西递、宏村的人文生态和自然生态的协调性。旅游业实际上从属于对地方的保护，须形成在保护中利用的发展格局。

2.西递、宏村发展民宿的传统民居现状

一方面，存在建筑遗产使用寿命问题。村落中的徽派建筑已经伫立于此千年之久，经过长时间的自然消磨和人为使用损耗，建筑本身的使用寿命已经达到极限，有着诸多安全问题。另一方面，存在保护意识的缺失问题。西递、宏村中的村民的生活条件虽已得到了较大的改善，但村落的设施和氛围始终与城市有所差异，这就使得一部分村民为了追求现代化生活方式而盲目改造民居建筑，或是为了追求旅游接待所带来的经济利益而漠视对居民建筑的保护。

3.西递、宏村村落传统民居的保护利用

以上所说的问题尚未直接影响到目前西递、宏村的状态，可通过各方面的协调和改进来预防。现如今，此地村落中的民宿产业开展十分火热，并依据此种思路同时开展了一些创意民宿改造工作，例如将榨油厂改造为猪栏酒吧，民居改造为书吧等，增添了整个村落景区内的个性化色彩。欢迎程度较高的民宿位于镇中的另外两个自然村——碧山村和南屏村，它们同样以此种方式扩大其经营规模，逐渐将周边区域连接成整体，此种大规模的扩建与改造需要社会各界合作完成。

西递的猪栏酒吧是由青年群体作为主要运营者，与商业投资合作打造的服务空间，经营模式属于社会性，提供餐饮、休闲、住宿等功能（图3-20）。无论是复原还是改造，这些空间主要是建立在对现代旅游商业理解的基础上，再通过一定的创新语言对室内环境再设计。然而保护的前提奠定了外观的原始性，因此也就塑造了村落整体的原真性风貌特征。旅游业的开展实际上是在无形中推进了村落中整体环境的优化升级。

碧山村中的碧山书局显然也是现代社会才出现的一种经营模式——书吧

图 3-20　西递猪栏酒吧民宿（图片来源：携程旅行）

（图 3-21），延续了古代书局的命名。该书吧的建筑原为"启泰堂"，是一座祭祀用的传统建筑。书吧的改造延续了建筑中原始的格局特征，同样是作为文化交流与输出的一个空间，现代的休闲、阅读、交流的需求能够很好地在原始格局中完成，是较为典型的运用设计构建传统与现代沟通桥梁的设计案例。宏村中有一间粮仓改造而来的咖啡吧，以电影为主题打造，构建了现代艺术与传统空间的对话桥梁（图 3-22）。粮仓内部空间有着大平层的特点，这为咖啡吧的平面布局提供了较好的雏形。咖啡吧的打造也为当地人提供了生活休闲的空间。

图 3-21　黄山市碧山村中的碧山书局（图片来源：携程社区）

图3-22 宏村中粮库咖啡馆（图片来源：携程社区）

　　此外，还有大部分的民宿建筑由明清时期的富商宅院改造而来，如南屏村的南薰绣楼是由一栋建于清代的李家大宅改造而来的（图3-23），这种改造通过对内部承重结构的加固以及部分材料的革新来进行，其中家具的选用十分考究，一部分是由当地村民家中收购而来，另一部分是按照该地家具特色进行定制，此外还有大部分的软装、配饰、家用器具等共同组成了现有的民宿。该民宿从建筑空间和室内器具上尽可能还原了传统的场景和环境。

　　上述仅是西递镇和宏村镇中代表性较强的民居改造案例，是传统村镇改造的冰山一角。民宿的改造是本地居民和外来经营共同的努力，此处大至聚落环境，小至街道角落，都能感受到当地的传统人文风情。旅游业带来源源不断的

图3-23 南屏村的南薰绣楼（图片来源：携程旅行）

游客和资金，更能用于聚落环境的保护与维护，形成良性循环，达到旅游业可持续开展的目的，进而使徽派建筑传统文化得以保留与传承发扬。

二、乡村民宿改造与我国村落保护体系的关系

（一）村落保护体系的内容与入选标准

国内目前对传统村落的保护通常是以划分村落保护类型进而采用事先制定好的保护规则加以约束，目前较为主流的传统村落评选有"生态文明村""历史文化名村""美丽乡村"等。国家会对濒临损毁的村落加以扶持，重点关注历史文化名村，以延续地方传统文化为目的主导与旅游业相结合，使其得到适度的旅游开发。

对以上分类方式的研究和村落保护价值的定论，能够明确作为乡村民宿改造原型的传统民居建筑的评判标准，以此作为参考来对乡村民宿改造力度进行评估。分类标准中每一个指标都能作为参考要素，在民宿改造和再设计时提供指导作用，避免改造的同时破坏掉了最有保护价值的部分。

1."中国传统村落"的定义与入选标准

传统村落是与物质和非物质文化遗产大不相同的另一类遗产，它是一种生活生产中的遗产，同时又饱含着传统的生产和生活。其认定标准主要为：①现存建筑有一定的久远度，文物保护单位的等级达到标准，传统建筑的占地规模、现存传统建筑（群）和周边环境保存有一定的完整性，建筑的造型、结构、材料及装饰有一定的美学价值，并有对传统技艺的传承。②传统村落在选址、规划等方面，具有所在地域、民族及特定历史时期的典型特征，并具有一定的科学、文化、历史以及考古的价值，与周边的自然环境相协调，承载了一定的非物质文化遗产。

我国对具有重要历史文化及人文内涵价值并蕴藏丰富地方传统资源的村落采取积极保护的态度，并于2012年统一定义为"传统村落"。之后对传统村落的定义有了更加细化的分解，大体评判标准有3个方面，一是"村落选址和整

体布局"; 二是"传统民居建筑风貌"; 三是"物质及非物质文化遗产", 只有通过这3个方面评估审核, 村落才能与常规的自然村概念加以区别。

自2012年起, 我国的传统村落评审工作就已经开始, 根据冯骥才文学艺术研究院的数据显示, 目前国内评选出的传统村落共6819个, 其中第一批646个, 第二批915个, 第三批994个, 第四批1403个, 第五批2616。海南省入选的传统村落一共64个。

2."中国历史文化名村"的定义与入选标准

评审的主要单位是我国住房和城乡建设部、国家文物局, 参与单位还有地方政府机构和学术单位, 他们综合评判那些聚落环境良好、建筑形态完整、历史印记深厚的村落, 尤其是在某个历史时期有着重大事件发生的区域, 以此来作为入选历史文化名村的标准, 通常和"中国历史文化名镇"一起公布, 并称为"中国历史文化名镇名村"。可以看出, 历史文化名村的评选主要关注点在"村落完整程度和建筑原始情况""历史人文价值"两个方面, 村落规模同时也是考量标准之一。

自2003年开始第一批历史文化名村入选至今, 已有487个村落陆续获评, 第一批12个, 第二批24个, 第三批36个, 第四批36个, 第五批61个, 第六批107个, 第七批211个。这些历史文化名村入选后按照我国《历史文化名城名镇名村保护条例》执行村内的各个事项。其中的关键在于对村内的物质及非物质文化遗产的保护和传承, 对现有村落风貌的维持等。海南2008年第四批入选的历史文化名镇为儋州市中和镇、文昌市铺前镇、定安县定城镇; 2010年第五批入选的历史文化名村为海南省三亚市崖城镇保平村、海南省文昌市会文镇十八行村、海南省定安县龙湖镇高林村。

(二)村落保护体系的核心评价内容

根据对上述内容的研究, 传统村落和历史文化民村的评选关注点集中在聚落格局、建筑、非遗文化、历史重大事件或名人等部分, 具体表现为以下几点。

(1)传统建筑的数量是重要的评价指标之一, 村内民居建筑的完整性、种类的多样性、工艺的复杂性、装饰结构的美观性均是传统民居建筑的评估标准。以上参考标准主观性较强，而客观性较强的标准重点在于可追溯的最早建村时间、村内非遗文化的数量以及稀缺程度、村中建筑数量及占地面积比例、民居建筑功能性分类数量等。

（2）聚落的完整性是村落形态的关键要素，也是对村落格局评判的主要参考点。村内房屋的布局合理性，道路系统、排水系统的完整性均是其评选标准。村落内历史建筑遗产的数量，村内人居生态与自然生态的协调性等是定量分析的标准。

（3）村评选标准中还有一项十分重要的标准，即非物质文化遗产的数量和稀有程度。非遗文化因独特的属性只能以传承人传授的方式加以继承，因此非物质性留存的活态保护才是最适合它的方式。非遗文化的发起时间，掌握人数的多寡是对该项要素定量分析重点参考的要素。

（4）综合以上所有内容可以得出该村是否具备传统村落评选的可能性，而后就是针对村落的现实价值加以审核，这一阶段需要考量村落及其周边的旅游资源是否适合开展旅游业，通过何种方式体现村落的历史和人文价值。历史文化名村与传统村落的区别也需尽可能突出特色，如村内是否发生过历史重大事件或走出过名人。

（三）村落的综合价值

1.中国传统村落/历史文化名村的综合价值

通过对传统村落和历史文化名村的评判考量因素和主要参考要素分析，可以得出当下对乡村保护需要着重关注的几个要点，以此来提升村落的综合价值。村落价值主要从文化、社会和经济3个方面凸显。

（1）文化价值。村落中的文化若以人为角度进行探索，有着物质和非物质的区别。以村落为视角，即有历史价值、科学价值、艺术价值等。

（2）社会价值。有人的地方才有社会，村落是我国原始时期一个族群或氏族早期生存模式的活态传承载体，它是人居环境和自然环境共生哲学下的产物，因此村落的社会价值能够凸显出该地区居民在历史时期中的文化精神内涵。

（3）经济价值。村落的经济价值通过产业的开发来体现。目前较为主流的做法即是在传统村落中开展旅游业，进行适度的开发和应用，村内原有的民居建筑加以改造进行功能性革新，保护与发展并进。

2.中国传统村落及历史文化名村的旅游价值

因传统村落及历史文化名村评选标准有着相同的一套体系，其最为珍贵的部分得以保留，因此基于村落中物质及非物质开发的旅游活动，其价值也有着较高的相似性。此种相似性并不影响旅游业的特色开发，不同的区域位置和人文风情最终都会呈现出极具特色的旅游行为。与传统村落和历史文化名村评选标准不同的是，旅游作为一种商业行为，它的价值取向须紧密结合旅游市场的导向，主要集中展现在地域传统建筑文化、少数民族民俗风情，历史事件与名人文化几方面。

（1）地域传统建筑文化。地域传统建筑是一个村落住宅文化的具象体现，建筑营造技艺、室内空间布局、建筑材料运用等均是原始审美和传统技艺的结晶。

（2）少数民族民俗风情。我国的少数民族数量众多，每个民族都有自己独特的民俗风情。根据地域的不同，其文化、习俗、生活方式、语言习惯、衣食住行均与汉族差异较大，这成为人们探索及感受地方文化的最佳去处。

（3）历史事件与名人文化。我国的传统文化源远流长，自古以来经历了原始社会、奴隶社会、封建社会等社会形态，其中封建社会中每个朝代都会出现有识之士促进人类社会进步，或发生一些令人铭记于心或是意难平的历史事件，这些人和历史事件、典故的发生地也是地方文化的组成部分，具有较高的旅游价值。此外还有一些流传于民间的神话传说，也可作为文化资源开展相应的旅游活动。

3.传统村落建筑的保护与利用方式

在旅游开发的模式下对传统村落的保护和利用分为两种方式。

（1）自发性的保护。自发性保护的主体多为村民，村民通过自己掌握的民居营造技艺对自家民居展开修缮和日常维护，出于延长自己拥有房屋的使用寿命目的达到了保护的实质。这一情况在较为偏远的传统村落中十分普遍，因旅游业的开发和相关产业的介入规模并不大，村民只能开展一些小众化的服务，例如自家经营民宿、餐饮、农田采摘等，家中仍主要依靠农业耕种保证日常生活。我国重庆的酉阳、黔江等区域下辖的传统村落则是多以农家乐的形式开展旅游活动。如今随着历史文化名村和美丽乡村的多方位质量提升，农家乐也需要找到优化自身的发展道路。

（2）介入性保护。如果说村民修缮自家的房屋是出于对自有财产的保护，那外部介入的一些保护则有着其他的动机，例如政府的保护目的在于对物质及非物质文化遗产的保护，企业的介入则是出于商业目的。目前我国各个地方的政府和企业都或多或少地对下辖乡村进行介入，以达到保护和发展的目的，这种方式较为常见。

（四）乡村民宿在传统村落民居保护中的运用

通过研究开展旅游业的村落中的民宿建筑发现，那些有着"网红"或是"优秀案例"头衔的民居建筑改造民宿都有着相同的特点，它们均位于旅游成熟度较高的乡村，且多为历史文化名村或生态文明村，能够依托较高的平台展开民宿业的个性打造。例如浙江省杭州市的传统村落——莪山畲族乡新丰民族村戴家山民居改造设计的先锋云夕图书馆（图3-24）；既是中国历史文化名村又是中国传统村落的浙江申屠家族血缘古村——深澳村中的云夕深澳里书局

图3-24　莪山畲族乡新丰民族村戴家山　先锋云夕图书馆（图片来源：小红书）

（图3-25）；浙江省丽水市松阳县四都乡平田村的传统村落（图3-26）——爷爷家青年旅社、平田农耕博物馆和手工作坊等。以上这些区域不仅处于经济较为发达的城市管辖市县，同时也有着较为丰厚的历史底蕴，且周边有着较为丰富的自然风景区，能够形成良好的旅游资源呼应。

除此之外，还存在另一种保护和改造形式，如世界文化遗产——安徽西递村和宏村下辖的村落中，建筑形态仍延续较为原始的徽派建筑外观，并未进行多样化的创意改造。西递村中至今尚保存完好明清民居近二百幢，宏村数百幢古民居鳞次栉比。这是因为其建筑遗产的价值比重已经大于其村落中其他文化遗产，大幅度的改造既不被政府允许，也不被村民认可，因此，即使是改造也多在室内空间进行。这种改造形式保持了原始的村落面貌和民居建筑外观，是

图3-25　浙江申屠家族血缘古村　云夕深澳里书局（图片来源：携程旅行）

图3-26　平田精品民宿（图片来源：小红书）

不同于"优秀案例"的另一种民宿改造形式。

1.传统村落中的民宿改造实践活动

相较于城市中的住宅改造，传统村落的民宿改造实施过程较为复杂，重点体现在发展目的的考量上。首要考虑的是对当地居民生活质量的保障，而后是改造的力度是否符合国家标准，是否会破坏村落的村容村貌，最后还需要站在经济利益的角度上考虑改造民宿后的空间利用率和经营活动便捷度。多方思考后才能得出较为合理的改造方式。设计改造的重点在于对传统元素的尽可能保留，地域特色最大程度的发挥等，而这些原始且古老的元素须与当下人居环境相匹配，以此才能达到改造的既定目的。

本节主要针对民居改造民宿案例进行分析，通过对不同地区民宿的研究以获得普适性较强的设计思路，其中不仅包括历史文化名村及传统村落，还有部分美丽乡村和旅游资源集中的特色村寨。

（1）中国传统村落——浙江省杭州市桐庐县戴家山村。位于浙江省杭州市下辖市县的桐庐县戴家山村因其山顶深处独特的环境特征，近些年旅游业和民宿业开展较为火热，其周边环境有着独特的奇石景观，拥有"全国诸洞之冠"的美称。戴家山村是少数民族畲族聚居的区域，其中由畲族传统民居改造而来的民宿——云夕乡土艺术酒店（图3-27）特色十分鲜明，其中不仅有少数民

图3-27　云夕戴家山乡土艺术酒店（图片来源：小红书）

族主题的室内设计，还有畲族文化展览馆等文化输出空间。除了民宿外，村中还有一众特色鲜明的服务空间，如由夯土建筑改造而来的图书馆，在政府主导、聘请设计师改造的情况下得以落成，有着别致的院落和阅读空间，游客在此能够感受到贴近自然的阅读体验（图3-28）。且较为开放的空间也为游客互相之间体验、休闲、交流提供了可能性，与民宿一起营造出综合性的乡村休闲体验。图书馆中的室内部分则改动较大，例如有部分墙体拆除和重建，架设楼板打造高低错落的空间等。虽与原始建筑内部差异较大，但与户外环境的互动性使得图书馆并没有成为现代化的封闭产物。

图3-28　莪山畲族乡新丰民族村戴家山　先锋云夕图书馆（图片来源：小红书）

（2）中国历史文化名村及中国传统村落——杭州市桐庐县江南镇深澳古村。同样位于杭州市下桐庐县的深澳村也入选了中国历史文化名村。与戴家山村不同的是，深澳村的居民多为申屠氏，是当地的名门望族，村中原始聚落的格局十分规整，平面上呈"非"字形，村内传统建筑数量丰富，功能较多，既有民居用住宅建筑，也有祭祀用祠堂建筑，还有戏台、寺庙等，民居建筑则多以四合院形式为主（图3-29）。戴家山村的民宿和图书馆的产品开发公司"云夕"同样在此打造了深澳里书局，其建筑由民居建筑改造形成，颇有趣味的是入口处由猪圈演变而来。该书局在改造后延续了四合院交流和互动的便捷性，村民能够在此进行日常交流与休憩。

图3-29　桐庐云夕深澳里民宿（图片来源：携程旅行）

（3）中国传统村落——浙江省丽水市松阳县四都乡平田村。浙江省丽水市松阳县中也有众多此类型的民居改造建筑，其功能十分丰富，既有传递乡愁的青年旅社，也有记录农耕历史的展览馆，还有延续传统住宅形式的平田新四合院。作为我国传统村落的重要组成部分之一，松阳县因其独特的自然环境风光和人文资源有着重要的保护价值。其传统村落平田村风格尤为明显，村落中的民居数量较多且保存完好，目前能看到基本的房屋布局和村落格局。因住宅建筑的使用年限已过，大多数民居建筑已经处于损毁的边缘，因此在地方政府的支持下，当地的村民开始了对民居建筑修复和改造的工作。

较为有特色的改造是将一间二层楼的民居建筑改为青年旅社，因该房屋属于经营者的祖父，故改造后的青年旅社命名为"爷爷家青年旅社"（图3-30）。该旅舍对建筑格局有所调整，原房屋内隔墙分割的空间较为私密，改造时拆除公共空间多余的隔墙，保证居住者们的交流空间面积。客房新建墙体划分居住功能区域。外墙的木结构和夯土墙并未有所改变，整体上看仍古朴且真实。

农耕历史展览馆是对当地农耕文化的收藏和展示，最初建筑的功能是猪圈以及农舍，地理位置位于村口处，改造后既在一个较为主要的观光通道上，又将内部较差的室内空间加以改造，弥补了其前期采光、通风等方面的不是（图3-31）。展览馆目前所具备的功能是承载本地农耕历史和农业耕种技术和手工艺产品的收藏与文明记载，是较为典型的人文交流场所。早期是农舍功能，其建筑位于田地之中，建筑朝向与地势吻合，与自然环境的协调性较好。

（4）牛背山景区的自然村落——四川省甘孜藏族自治州泸定县蒲麦地村。民宿功能的延伸是当下较为普遍的一个做法，四川省甘孜藏族自治州的蒲麦地村也采取了这种模式。麦地村中的民宿改造多为青年志愿者参加，属于公益项目，在东方卫视的大力采访和媒体宣传下，这一山区的普通乡村也在社会各界

图3-30 浙江丽水松阳县 爷爷家青年旅社（图片来源：小红书）

图3-31 平田农耕博物馆和手工作坊（图片来源：小红书）

的关注和志愿者的努力下改善了村落风貌。麦地村距离牛背山山顶近，闭塞的交通和落后的经济环境使得村内年轻劳动力纷纷前往大城市谋生，此处逐渐成了空村，房屋无人居住，田地无人耕种。为了改变这一局面，志愿者们制定了改造目标，那就是借助牛背山自然风貌开展旅游业。第一个改造建筑即志愿者之家（图3-32），不仅能够提供住宿及餐饮，还有一定的医疗服务。志愿者之家由一间传统的木架构民居改造而成，改善了其残破的外观样式和卫生条件较差的临近猪圈，更是以服务功能的多样性为当地村民提供了人文关怀。并将旧有猪圈区域改造为厨房及卫生间，有效提升了村民的生活水平。该卫生间的建筑材料和搭建手法延续原始的样式，是山上的村中唯一一个具有现代实用功能的卫生间。

传统村落的保护须依托可持续发展来建立良性的村落生态循环，因此旅游业的开展是较为合适的方式之一，能够通过对其历史文脉和自然资源的继承，完成村落的现代化革新。

2.民宿在不同层面对传统村落的功能和价值

民宿的开展对传统村落的整体提升不仅仅体现在一个层面，它是依托旅游业和旅居服务功能衍生出的多样化价值提升。基于民宿的物理空间和情感空间双重表达的特性，其主要功能可分为以下5点：①改善村民的生活条件；②提升村落整体风貌；③促进地方产业资源整合；④推进我国乡镇经济发展；⑤引

图3-32　四川省甘孜州泸定县蒲麦地村——牛背山志愿者之家（图片来源：筑龙学社）

导人们保护自然环境资源意识生成。

三、民宿在乡村文化旅游中的作用

前文中分析了国内外对民宿的定义及发展史，能够看出民宿自产生以来就与人员的流动有关。与传统旅馆不同的是，民宿所针对的流动人群多为旅游观光的游客，因此民宿的发展与旅游业密不可分。而民宿的特性又决定了其不同于标准化住宿行业的地域属性，它多围绕乡村住宅进行改造或是参照地域性特色建筑形式生成，故在近二三十年时间内，农村和郊区的民宿发展速度较快，且对村落的保护和经济提升有一定的影响。下面从乡村旅游角度出发阐释其与民宿之间的相互助力作用。

（一）乡村旅游的定义及功能

1.乡村旅游的定义

世界范围内对乡村旅游的理解有一定的相似性，根据世界旅游组织的规范定义，即是"游客在具有一定旅游价值和文化价值的传统乡村进行观光、逗留、体验、学习乡村传统生产、生活内容的活动"。这一定义根据国家的不同有些许的偏差，也有定义为发生在乡村地区的旅游活动，总之"乡村"为载体，"观光体验"为方式。

虽然乡村旅游这一定义并非各国完全统一，即使是乡村地区也仍存在着各种属性和文化载体的偏差，然而可以明确的是这一区域需与城市地区有明显的差异，且乡土资源集中在自然环境和地方人文上。总而言之，乡村旅游的核心是利用非城市地区的乡村开展自然观光和人文内涵体验的旅游活动，为游客提供乡土性的旅游服务及感受。

2.乡村旅游的特性与功能

上述乡村旅游的内容和属性能够反映出该行业在市场上的一些特性，这些特性一方面为乡村旅游业的开展提供参考，另一方面又能有的放矢地提升现代社会乡村发展旅游业，以此达到乡村环境及经济的可持续发展。

3.乡村旅游对乡村的各方面影响

乡村旅游的发展实际上是对乡村整体环境的长期性的优化升级，其受益者不仅仅是村民，乡村所在的区域都将在资源整合的状态下实现经济增长。然而不可忽视的是，旅游业的发展也会带来一些负面的影响，需在研究发展策略时合理规避。

（二）乡村旅游的发展现状

1.国内乡村旅游发展问题

乡村旅游行业发展至今取得了良好的成果，然其存在的问题也逐渐突出，有些甚至还影响了行业的积极发展。在快速发展的乡村旅游经济模式的驱动下，越来越多的乡村开始了改造运动，但快节奏的发展必然衍生出支持速度不匹配等问题，部分村落在商业利益的驱动下大刀阔斧地进行改造，不仅破坏了原生态环境，还导致产品与其他地区同质化严重，质量较低，进而对整个区域的旅游市场产生消极影响。

2.国家政策对乡村旅游的推动

我国为了避免以上问题的发生，制定了《国务院办公厅关于进一步促进旅游投资和消费的若干意见》等文件，各个地方政府根据自身特色不断推进这一措施。结合近些年快速发展的扶贫工作，乡村旅游是一种较为合适的乡村扶贫出路，随着一些乡村旅游创业基地的产生和乡村旅游创客行动的开展，乡村旅游业在有效的政府监管下得到了较快的发展。即使客流量不大、旅游规模较小，村落环境整治和人居条件改善同样也是不可忽略的成绩之一。

3.国内乡村旅游发展趋势的原因

目前国内乡村旅游的发展趋势从内因和外因两个层面共同前进，内因即是村落整体环境的改善及地方经济的发展，外因则是城市人口旅游需求的逐渐增多，尤其是短期的周边游。

（三）乡村旅游与民宿的相互促进关系

乡村旅游是乡村民宿开展的重要驱动力，没有游客前来，民宿的使用功能无以发挥，而民宿作为旅游接待环节中的重要组成部分，同样也反哺乡村旅游，其质量影响着旅游业的发展。

1. 乡村旅游产品类型与民宿的联系

乡村旅游和民宿产业的发展有着较强的趋同性，主要体现在它们二者的空间载体的地域属性一致上。乡村旅游所包含的内容不仅仅是传统的自然环境观光，每个地方的地理环境和气候条件不同，自然风貌也不同。更重要的是人文风情的较大差异，这恰好是民宿产业个性化的成因，二者处于一种相辅相成的状态。

随着乡村旅游规模的扩大和客流量的增多，民宿自然得到了同步的发展，在资源同源性的引领下，二者发展程度较为一致。当民宿有了较为完善的服务水平和特色属性后，又能作为亮点品牌为地方旅游吸引游客，这在我国江浙一带多有体现，民宿度假成了一种旅游方式。由此可以看出旅游和民宿相互促进。

2. 乡村民宿结合乡村旅游的解决思路

既然旅游业和民宿业在发展问题上存在着正相关的关系，那么也能通过其中某一方面的改善和提升来解决另一方面的实际问题，形成劣势互补的状态。

（1）民宿作为旅游目的地。某些乡村的自然景观缺乏特色，农业体验或观光尚不成熟。此时可以通过民宿旅游度假这一思路，大力挖掘地方的人文资源和物质遗产，用于民宿的改造和升级，形成区域内核心竞争力较强的住宿场所，达到以住宿驱动旅游消费的目的。

（2）民宿作为旅游资源。乡村环境中不适宜建造传统的旅居接待空间，作为村内游客居住的场所，民宿有着唯一性特征。乡村旅游为民宿带来了发展的可能性，民宿的服务质量和住宿体验同样也影响着地方旅游市场的热门程度，逐渐成为旅游资源之一。

（3）民宿作为乡村文化的重要窗口和空间载体。民宿独特的建筑载体和经营模式使其成为游客和乡土文化互相沟通的桥梁，建筑可视化的工艺特点、装饰结构能够更加直观地传递出地方的乡土文化和民风民俗，是抽象人文的具象传递窗口。

（四）民宿在乡村活化与旅游的开展方式

在国内的很多乡村地区，有大量的村落或自然村业已衰败或逐渐衰落，而地方政府、商业组织、非政府组织、非营利组织、艺术家等不同团体及组织通过各种不同的筹资方式，对这些村落地区的物质空间、经济产业、传统文化等方面利用较有优势的自然生态、传统文化、民族风俗等资源进行有计划、有策略的改造、更新、活化、建设，从而达到完善基础设施、维护生态环境，延续传统文化、振兴乡村地方产业的目的，其最高目标为复兴乡村社会与传统文化。本部分主要研究的是基于乡村旅游发展所进行规划、策划、投资的村落更新活化方式，而其中的一部分方式即是乡村民宿营造。

1. 乡村活态传承的新时代背景

随着乡村旅游的开发，越来越多的年轻人当下愿意留在村中从事创意活动，通过艺术设计、美学品鉴等思维方式不断探究乡村文化的合理表达形式。除此之外，还有许多附近的村民或相关从业者们也纷纷回到村中创业，相较于城市，乡村的自然环境和较小的竞争压力为他们提供了更加舒适的生活环境，同时也为乡村注入了新鲜血液，改善了以农业收入为唯一经济来源的局面。

2. 影响乡村活态传承的内外因素

1950 年以来，全球经济增长速度加快，随之而来的就是城市面积的扩张，位于郊区的乡村有一部分因城市化的进程被钢筋混凝土所吞噬。基于此种情况，世界范围内的一些国家采取了乡村的保护和抢救工作，主要针对那些偏远山区的乡村或是仅位于城市郊区的乡村进行产业革新，提升教育和医疗水平，改善村内基础设施等。在各种外在因素和内在动力的双重影响下，村落的自然环境和人文生态得以活态传承，进而形成了较为完善的旅游资源。村内居民经济收入的不断提升又会进一步促进内在动力的生成，从而不断完善村落的各个方面，全面提升村落的整体面貌，实现可持续发展的最终目标。

3. 乡村活态传承分析

我国的村落环境活态传承发展在近年内取得了较为可观的成果，通过乡村内在动力的不断作用，村民积极性逐渐增高，开启了农业和服务业的自我更新。加之地方政府和企业的共同作用，乡村旅游业逐渐开发出了休闲度假、非遗文化研学等创意体验活动。

国内采取活态传承路径的乡村在早期有着较为相同的村落状态，那就是居民的文化保护意识较差，且村中多为老弱妇孺村民，年轻村民均外出务工，村落呈现出空心化的状态。对于商业经营和旅游业开展的态度，早期也表现出相对排斥和冷漠的状态。但随着政府呼吁及企业扶持力度逐渐加大，部分村民先一步迈出了对自家建筑改造民宿的道路。当这部分村民得到了一定的经济收益后，村民整体的观念均有所改变，开始积极配合开发者对村落中的传统文化及风土民情加以挖掘，在这一过程中村民的生活环境得到了实质性的改观。即使旅游开发会带来一定程度的生态破坏，但相较于村落全面的破败仍是一种较为合适的选择。

村落活态传承的"活"体现在文化资源传承形式的多样化层面以及自然生态的再生长层面。可以是手工艺技艺的现代传承，也可以是物质遗产的再利用。对于村落生态而言，则是将整体氛围作为旅游资源加以开发，赋予其现实价值。活态传承较为成功的乡村会有着较为强烈的地方特色，村民有着较高的文化自信，对于自身习惯风俗较高的认同感使得村民们的物质生产活动和日常生活方式都有着独树一帜的特色，进而以村落为单位形成了统一且和谐的旅游品牌。

4. 活态传承理念下的民宿

活态传承理念下的各种乡村产品均与旅游业有着紧密关联，服务游客最直接且必要性最强的产品即是旅居服务空间——民宿。民宿空间的服务功能可塑性极强，与地方多样化发展的旅游功能、丰富的物质遗产均能有较高的匹配度，故民宿能够与地方旅游发展前景直接挂钩，成为相互促进的有力助手。而在这一过程中乡村民宿的呈现形式主要有两种，以单体民居建筑改造而成的乡村民宿和以新建建筑为主的群落性乡村民宿。

第四节　基于村落民居保护利用的民宿改造原则与设计思路

一、基于村落民居保护利用的民宿改造原则

当下我国乡村的发展十分重视乡村文化的保护与传承，振兴是最终目的。以乡村旅游经济为长远发展的目标因此受到热捧，与之相配套的民宿同样也要思考其物理空间的保护与传承。乡村民宿多由传统建筑改造而来，这种改造的力度、方式以及最终呈现的形式是需要在相关部门或原则条例的约束下进行的。从某种层面上说，乡村传统建筑是地方住宅文化的象征，即使建筑形式不具备代表性，其人居环境与自然环境的巧妙结合关系也有着一定保护意义。这就需要在对乡村聚落环境深入研究的情况下进行改造，其原则的制定也需要有较高的标准及针对性。

从民宿经营的角度看，对原始聚落环境的保留本就利于旅游业的展开，部分民居中的院落、房屋格局甚至是微观层面上的农业生产器具、家具、生活用品均是民宿改造后用以提升民宿人文内涵及个性特征的重要组成部分。对传统元素的保留不仅是对整体聚落环境的保护，同样也是对民宿本土特色营造机会的把握，以使其真正成为地方的民宿建筑。

本节基于传统乡村聚落环境和民居建筑的保护思路，列举了以下乡村聚落及民居建筑的改造原则，旨在对乡村民宿改造的过程中尽可能地延续传统文脉，通过个体改造的适度性把握对整体聚落原真性较少地进行改动。对乡村中建筑原真性传承的策略基于诸多原则的前提下，然而在具体的改造过程中，并没有明确的原则取舍，而是基于最高限度加以约束。以下对改造过程的把控红线以及相关实践活动进行了分类与归纳。

（一）真实性和整体性原则

真实性原则通常是指对民居全方位的保护，如用材的真实、营造技艺的真实、民居外观的真实、室内空间布局的真实等。整体指的是民居建筑形态的完

整、民居历史完整、民居所在村落完整等。以上两个要素的具备与否决定了村落的保护价值。在改造过程中，建筑保护的整体性不仅仅是对建筑外观完整性的把握，还需要将建筑放置于聚落环境中，从自然生态和人居生态两个层面整体评价村落及民居改造力度是否合适，避免大刀阔斧的改造思路以及保护性破坏的事情发生。

改造民宿的实际操作者需要对原始民居建筑的外观样式和结构特征有较为深刻的认知，尤其对建筑的遗产价值，需在改造前就有较为详尽的研究和梳理。有些民居建筑在不同时期呈现出不同样式，当下的民居形式并不一定是其沿革历史中最具保护价值的样式，故需随着年代的变化客观把握该地民居建筑的流变历史，一方面还原其历史真实形态，另一方面对其演变历史加以考量，适当地保护不同时期的建筑特色。在保证真实性和整体性的基础上，还应兼顾以下原则。

1.物理环境真实性和完整性原则

聚落是民居建筑及人居生态的综合组成形式，是该地居民长久以来的生活印记。民宿改造工作需要尊重这些历史痕迹，尽可能使用这些原始建筑且通过现代技术手法修复建筑材料，部分功能构件也可以在加固后再次使用。现阶段，许多乡村改造都是以破坏原始乡村环境为代价，缺乏早期对地方历史人文和建筑形式的研究。如该建筑主体保存较为完好，但其周边聚落环境较为混乱，再加上现代因外来人口增加使部分建筑功能改变且无序新建的情况时有发生。这种无原则的建筑搭建方式嫁接在传统建筑上，破坏了传统建筑的外观整体性及部分构件的完整性，是较为消极的人居空间。对于这类民居的改造需要拆除混乱的部分，根据历史真实信息进行改造，恢复历史原貌及功能性。

2.人文情感传递原则

乡村的情感空间构建主体是村民，在乡村旅游业开展以后，其组成形式多了一类——游客群体，这两类人群对乡村整体聚落及其中民居建筑的认同感和满意度从多方面影响着村落保护工作的实施。这种认同感和满意度看似是村民和游客群体的主观情感，实际上是环境对人的情感作用，从感性的生活层面彰显而来。在改造过程中，需要重视此种情感的认知和运用，将建筑作为良好的人文传递载体。以中国历史文化名村杭州市桐庐县中的云夕品牌旅游空间为例，他们在将民居建筑改造为现代服务功能的建筑过程中重点关注建筑在村落中的人文情感地位，在对澳里书局和云夕图书馆建筑改造时尤其注重原始建筑在村内的情感地位。该民居建筑因占地面积较大且区域位置特殊，属于村内具有代表性或地标性质的民居建筑，放眼整个村落也是十分核心的存在。这种建筑在村民眼中已经具有较深的印象，是乡愁记忆编码中不可或缺的重要环节，因此在改造成书吧后，建筑仍延续了其本身的体量和形式特征，服务功能变为公共交流、互动、学习的场所，延续了建筑的情感载体属性以及在当地居民记忆中的样式，无形中增强了村民文化自信。

此外情感要素也多由民宿的特征属性展现而来，乡村民宿的个性来源于所处地域的气候环境特征，进而形成了一系列与之相关的本土化生活习俗。这些要素最终又以乡村和民居建筑的多维度体现出来，能够真实地被游客所感知。民宿改造的真实性和完整性原则是对此种情感符号的继承，且赋予其现代生命力，继续被人们所感知、认同，直至弘扬深远。

3.原址保护原则

物理空间和情感空间的保护和延续有一个相同的前提，那就是对改造建筑所在场所的原址保护，只有在原址保护的基础上才能延续个体建筑的真实属性和特征。宏观角度上须深层次考虑人居空间和自然生态环境之间的关联，以及二者以何种状态相处。微观角度上需要保证聚落的原始性，道路布局和建筑分布形式等皆按此原则。此外还需把握村民对村落的具体认知，如哪一个场所具有何种存在意义等，固化其村落布局关键节点的情感和记忆功能，进而在改造过程中有意识地将其复刻出来，保证原址保护的质量和效果。这对整个村落的情感空间表达较为有利。

（二）可视性及可还原性原则

在对村落及民居进行保护时，应根据当地具体情况和流变历史来制定最为合适的保护与修缮策略，进而综合人居和自然环境多方面加以考量。民宿在改造过程中无论采取的技术成熟与否，都需本着修缮部分或改造部分可还原的标准进行，以利于应对村落和建筑在循序渐进的发展过程中有可能出现的加建部分或修缮部分拆除的情况，较强的可还原性还能较好的保护建筑的原始结构。可还原性还应建立在可视化基础上，根据需要将修缮区域与原始区域在视觉上有所区分，做到"修旧如新"，以此来形成较为鲜明的外观对比，在色彩的匹配、材料的运用、质感的区分等层面尽可能与原建筑有所区分，反之对于外观完整度要求高的则需将可视化程度降低。通过可还原性尽可能完整地留存建筑遗产的物质属性和历史痕迹，并通过可视化程度的选择达到创意性的实施，具体体现在以下三方面。

1.民宿室内空间改造

民宿室内空间的改造策略除了整体创新外，还能采取在建筑中再营造另一个房屋空间的方式，以最大程度保留原始的建筑材料和结构。这种方式能通过新建空间的通透性更为直观地感受到时代变迁的痕迹，更利于建筑内部的传统氛围感营造。例如，"爷爷家青旅"正是采用了这一方法，也体现了人们对传统建筑遗产价值的认同和保护。

2.建筑外观的修复与改造

可视化和可还原性对于建筑外观的改造处理尤为重要，目前随着新型建筑材料和工艺水准的问世，越来越多的改造方式出现在市场中，原始材料仿造技术以及替换材料的视觉真实性技术越来越先进，因此在对建筑外观修复和改造时可运用色彩、质感等更加具有现代语言的建筑材料，例如，铝材、板材、钢材等，既能在关键节点处起到承重作用，还能通过材料鲜明的对比呈现原始建筑古老的部分，更像是一种建筑遗产的工艺品。

3.空间环境的对比

建筑的空间环境更加类似于其院落空间或建筑外围区域。如建筑改造之前是乡村中的几座传统民居建筑，改造后这种类似于组团形式的院落布局自然存在着许多需要修复的地方，无论是建筑外观还是院落的围合材料上，这部分的外观样式和材料视觉效果都要根据建筑时代特性与原始代码形成冲突，表现出新的效果。转变视角再次研究这一区域，能够看出不同时代的建筑发展历程，这种历程是具有清晰的时代特性的。

（三）适度干预原则

传统民居保护工作的实际施工者很大一部分并不是民居建筑的营造者，甚至不是当地的村民，他们大部分来自政府所指派的行业机构，这就使得工作人员的专业性与建筑原始形态不匹配。因此需要制定策略，让实际施工人员对传统民居建筑的材料和工艺进行学习，使需要修缮和拆除的部分尽可能做到较少地人为干预。改造过程中对室内空间的需要基于环境舒适性来建造，防止出现因设计者过多的主观思考导致的过度拆改。

适度干预原则的展开前提是对传统民居建筑进行较为详细的前期测量和记录，全方位的对其遗产价值及建筑情况进行评估，通过专业手法研究建筑可保留的区域以及满足安全性前提下能够保留的最大程度，最后再以核心加固的方式向外延展。

民居改造的关键是在保证民居建筑安全性的最低限度下最大限度地保留其建筑遗产价值，以较小的人工干预进行拆除与新建。在民居的保护与改造实际实施过程中，均需围绕建筑本体的地域价值和历史人文意义进行，这就需要前期大量的田野调研。每一个建筑都以最小的人为干预及适合的改造手法进行，组成起来就能对聚落整体达到保护的目的，尤其是用于商业目的的改造。

二、基于传统民居在地性保护利用的民宿改造设计思路

严格意义上来说，对传统村落及民居建筑的保护工作是不需要过多人工干

预，其保护原则要求较高，对村落的现状有着较强的标准要求，故这一原则在相对完整且尚未开发的村中容易执行。根据不同保护标准，这一系列保护对象的实际工作难度也各不相同。基于此种情况，建筑改造设计思路更加适合完整度较高的村落，已经得以开发和改造的村落和建筑则应适当选择改造思路，阶段性地采取设计工作。

（一）民宿空间的改造设计策略

基于对我国民宿已有案例的分析以及文献资料的整理，总结归纳出民宿经营需要必要的功能空间，依据由外至内可分为公共区域、客房区域和服务区域，对不同功能的空间改造思路也可不同，具体如下。

1.建筑空间的功能性转化

民宿在改造之前多为当地村民的居所，尤其在乡村中，村民的住宅空间受到多方面因素的制约，最为直接的就是相对落后的技术条件导致的工艺和材料的原始性，例如木结构限制使用寿命以及承重结构制约使用空间面积。

传统民居中的室内使用面积同样影响着改造后的民宿功能设定，此时可以利用空间功能置换的思路，一方面保留建筑的原始形态，另一方面重新设定新的使用功能，将原有空间并不适用于民宿经营活动的区域改造成新的功能区域。例如，可以将原始建筑中的院落空间改造为民宿的半户外活动区域，增设户外餐饮、院落书吧等服务。值得一提的是，这一部分的改造是基于修缮基础上的，新空间的增加则采取可视化可还原性原则进行。

2.民宿空间的平面功能布局

在民宿设计初期，除了设定该民宿的经营模式和规模外，还需根据原始住宅的建筑面积进行民宿改造平面布局。常规而言，面积较小的室内空间仅需具备基本的住宿及餐饮区域即可，面积较大的民宿则需要提供更多的服务体验区域，例如休闲空间、娱乐空间、室外活动空间等。

在设定了民宿基本具有的服务功能和空间划分后，就需要对这些空间进行合理的分布尝试，严格按照设计心理学理论以及人们的住宅偏好进行设计。由外至内，可分为动静区以及公共空间和私密空间。由服务质量和方式可区分员工通道和游客通道等，后厨、布草间这类后勤区域通常设置在远离游客主要交通流线的位置，这种形式更加适用于一层楼的平房式民居，以减少各类保洁与食品加工产生的气味和声音对私密区域的影响。二层及以上楼层的民宿在区域划分上相对简单，住宿区域通常可设置在楼层较高的区域，一层统一设置为公共区域，且可连接院落进行半户外区域活动打造，每一层还需设定独立的布草间，顶层设置晾晒区域，以此来避免服务不及时的情况出现。

（二）民宿传统文化氛围设计研究

乡村中的民居建筑有着较为原始的乡土气息，这得益于远离城市区域的地理环境，使得此处未过多受到现代文明的影响。原始住宅建筑多为木结构房屋，屋顶形式为坡屋顶，部分墙体及屋檐的关系呈现出中国传统建筑的硬山顶关系。为了继承这种传统文化氛围，并根据村落传统文化的不同有针对性地加以改造，主要有以下几种设计方式。

1.建筑材料的对比

建筑材料的对比多以材料问世的时间及加工技术为标准。出现时间较早且加工方式简单的原始材料是保护价值的评判标准之一，如泥土墙体、茅草屋顶等结构的完整性，这一部分可在修缮的基础上进行。基于承重结构和外观传统样式外的装饰结构可采用新的材料和加工工艺，一方面辅助建筑原始材料延长其使用寿命，另一方面用新旧材料的对比来凸显设计的创意性。例如可以在房屋的墙体上运用旧材料作为部分传统的延续，运用新材料提升房屋采光、通风、美观等性能，二者结合打造较为丰富的视觉体验，从而给予传统材料发挥特色的空间。

这种对比方式需要考虑的是，新材料的运用方式不宜过于隐秘或深度加工，应该以一种相对可视化的方式来增强游客的视觉理解度，使其易分辨出传统与现代之间的明显差异。传统材料则需要采取更加细致的加工手法，尤其是材料的实用性与美观性表达，应以丰富的肌理效果和视觉层次传递出原始材料的魅力。

2.材料色彩的对比

材料的色彩是最为直观的视觉要素之一，颜色能够传递出不同的情感语言，从而营造不同的室内人居体验。新材料通透、简约、时尚的色彩与传统材料自然、古朴的色彩能够形成鲜明对比，尤其突出岁月流逝的怅然之感。此外也有将新材料与老材料相结合的形式，例如涂料的覆盖，这种方式能够延长自然材料的使用寿命，也能够在保持原始材料的肌理效果的基础上使其饰面效果得以提升。此种方式多用于建筑室内外的墙体，部分手工艺编织的家具上也有体现，能够增强其装饰性及实用性。

3.室内灯光的运用

灯光是较为现代的设计装饰元素，传统建筑在原始时期多用自然采光，夜晚使用煤油灯。现如今灯光的样式因灯具的发展而各有不同，可以通过具有明确方向性的射灯来引导视线关注房屋的关键结构和亮点部分，也可以通过具有现代高端氛围的灯环绕装饰传统的木质吊顶，以现代灯光和原始材料的对比形成创意视觉。民宿作为住宿空间，其灯光应以温馨的暖光为主，不应过多使用刺眼的冷光源。

4.室内天花设计

一般情况下民宿对传统民居的改造多从结构加固和外观保护入手，屋顶的营造结构能够得到较大程度的保留，尤其是室内天花的屋顶结构。游客能够直观地捕捉到屋顶原始的形态，加之灯具和氛围灯的情景营造更能凸显空间的传统氛围和现代舒适性。

5.室内地面铺装设计

传统建筑中的室内地面通常是水泥地面，显然不适合当下人们对居住空间的美观及舒适性需求，因此改造过程中地面的铺装将会着重设计，通常会采用瓷砖、木纹砖、木地板等材料直接铺设，并在适当的区域采用传统木材、竹材或石材加以装饰，如半户外区域，以此增添室内地面铺装的视觉变化感以及游客的体验感，形成较强的综合体验氛围。

6.原始器具设计

对旧有家具、材料、工具的二次利用是民宿建筑改造过程中较为新颖的做法。传统民居建筑中具有较多的家用器具，因多种原因已经不具备继续使用的条件或被现代家具所替代失去使用价值，一般情况下这类器具常被闲置在一旁呈遗弃状态。如今，越来越多的设计师意识到了这类原始要素的现实价值，它们是传统生活状态最本真的象征，无论是加工后继续使用，还是原封不动地作为装饰品出现，都能最大限度地营造出传统氛围。

部分仍保存完好的器具，可在适当加工前提下重新使用，例如作为建筑的装饰构造或部分原始构件，或是藤竹编织器具等。对有所残缺的器具可通过现代工艺如焊接、粘贴、拼接等技术二次利用，表达出对传统器具的尊重。民居建筑院落空间中的竹篱笆、石子路等都可通过村民再次替换的方式翻新，由内而外全盘打造乡土氛围。

原始器具及传统材料的二次运用不光能够起到节约成本的作用，还能最大程度增添室内外空间的地域文化氛围，尤其是夯实民宿建筑的主题性。这种方式既能满足现代传统民居建筑改造原则，也能体现当下设计改造偏重保护与传承的理念。这种方式在尊重地方传统文化的前提下实现现代化的转化，同时通过融入旅游商业的模式实现地方经济和村落文化的有序发展。改造后的民宿建筑能够同时成为这些传统要素的载体，为游客提供丰富的旅居体验，实现商业模式和传统文化的双轨并行、共生发展。

（三）建筑结构的改造思路

根据建筑结构的功能性区分，存在着承重结构和装饰结构两种。基于民居保护角度，对结构的改造应秉承着可视化和可还原性原则进行。对于已经损毁的结构应当采取修缮的措施，破损的部分可进行修补和替换新材料。

1.结构的修缮

结构的修缮策略最大程度地保留了原始建筑的结构，并适当地增添新功能及样式。对传统建筑的承重部分和原有结构进行现代化技术的加固处理，以此保证建筑的安全性，而后再进行一系列的功能性延展，这种较为传统的改造方式多注重建筑外观、结构、内部空间等组成要素，基本按照修旧如旧的形式，用传统材料等位替换。

墙体是泥土的原始建筑因自然淘汰的缘故早已坍塌，改造的策略就是采用泥土与草根的混合物来建造墙体，再在其表面涂刷无色透明的加固涂料，尽可能保证墙体的原始性，延长其使用寿命。以中国传统村落浙江省丽水市的平田农耕博物馆为例，其改造过程较为合理地践行了根据实际情况制定改造思路的策略，对原建筑的保护尤为明显，例如建筑墙体因年代久远出现了倾斜，针对这种墙体并未采用直接拆除的方式，而是一方面采用用钢丝拉伸的方式固定墙体，另一方面对已经出现裂纹的地方用黄泥和草根搅拌后涂抹至缝隙处补平。屋顶的处理方式是在瓦片的底部铺设防水材料，防止雨水顺着瓦片漏洞渗入室内，将部分残破瓦片替换为完整的瓦片。室内的地面铺装材料选择当地的石材，搭配红砖铺设呈现具有创意的图案造型。建筑的楼板工艺使用了双侧木楼板，满足功能需求的同时强化空间的传统主题性。

2.建筑结构的优化

首先，建筑结构优化的主体是原始建筑的承重结构及装饰结构，重点关注的是对该结构材料、样式、承重关系的重新加固。在这一过程中会对传统材料以及结构关系进行替换，替换材料用与其原始属性相同的自然材料，这种材料需要在现代工艺的加工处理后再加以使用，例如防腐防虫处理等。中国传统村落浙江省丽水市的平田农耕博物馆中就对其部分结构加以材料替换，尤其是腐蚀程度过高的承重材料。这一过程需要将建筑的屋顶及其结构拆解后进行，材料替换后能够明显分辨出新材料与原始材料的区别，有着较为和谐的视觉关系，且人们能够在此感受到岁月的变迁。

其次，还需关注原始材料与新工艺的结合，尤其是在墙体、楼板等位置的材料加工上。以云夕戴家山精品度假酒店为例，建筑原始结构为木结构，墙体为黄泥材料，在对这一材料优化时将砖墙替换泥墙，且用现代技术"传统木楼板建筑现浇钢筋混凝土复合楼板"和"传统夯土墙建筑砌块内衬墙复合墙体"对室内楼板进行加工，合理运用室内的加高空间。这种结构能够很好地保护原始建筑结构，提升原始材料的稳定性，在将使用功能最大化之后还能实现控制成本的优势，是较为合理的结构改造方式。

最后，是对新材料的思考。新材料有着新颖的时代特色，如钢筋、混凝土、轻钢等，这些材料诞生于现代科技之下，因此在视觉效果上与传统材料有着明显的区分。这类材料的优势在于成本较低，使用寿命较长。新材料能够对部分原始结构起到辅助加固的作用。在杭州戴家山云夕图书馆中，部分墙体的加建则是选择了砖混结构的墙体，在视觉上与原始建筑有着较大的出入。其他区域的改造也大量使用了现代的金属材料，运用金属材料的造型可塑性，针对不同区域的结构进行辅助加固。新材料可以方方面面地融入了传统建筑的改造过程中，创造了新的材料关系与视觉效果。

（四）建筑性能的改造设计

1.基于民居实际情况的改造研究

传统民居因其使用时间及维护频繁程度不同，其外观及内部结构有不同程度的损毁，有些民居外观完整程度较高，而其内部承重结构因年久失修变为危房。也存在着结构较新，但屋顶材料及墙体因雨水冲刷等问题而导致的坍塌现象。

我国乡村传统民居多为木结构，玻璃材料直至近现代才出现在民居建筑中。长久以来村民们都在采光及通风条件较差的环境中生存，这也导致了不同地区的村民多患有因采光较差导致的眼疾或通风较差导致的呼吸道疾病，以及因潮湿所带来的风湿、湿疹等疾病。基于此种情况，乡村民居建筑的改善可从外观完整性和功能完善性角度出发，例如使用玻璃与传统民居建筑墙体结合改善采光，合理开设窗户满足一定的室内通风，既能在外观上改善千篇一律的立面样式，还能提升村民的日常生活条件。这种改造并未过多地破坏民居本来的特色，能够在一定程度上延续其结构与特征。

2.采光与通风环境优化

原始建筑因相对落后的工艺技术和材料属性，无法在满足承重的基础上在墙体开设窗户。如今可通过运用新材料和优化营建工艺等方式在墙体开设推拉窗、拉伸窗、落地窗等窗户形式，也可以在屋顶开设天窗。部分传统民居原始的做法是将屋顶抬高，从而形成屋顶与墙体结构之间的缝隙用于采光通风，这种方式也可以在新材料的发明情况下得以继承。例如，云夕图书馆就是采用了抬高屋顶并用玻璃材料围合的方式进行采光。

部分传统建筑的墙体为泥土墙，依靠檐墙承重使得墙体难以开设横向的长窗，目前可以通过对木柱的加固，依靠木柱延伸出窗洞来解决，因此窗洞的面积大小受到木柱排列密度影响，大小各异。例如，在立面墙体上开设大小各异的玻璃窗，一方面提高了自然采光性能，另一方面丰富了建筑外观的视觉层次感。部分没有承重功能的墙体可借助拐角打造了九十度长窗，扩大游客的观景视野。屋顶区域多用一些防水性能较好、隔热性能较佳的材料如半透明阳光板，扩大白天光源来源渠道。部分由多座建筑组成的民居可以通过围合天井的方式来达到中央采光的目的，也可以在适当的位置开设天窗。

还有诸多实际改造中运用材料革新的方式，如对玻璃亮瓦材料的运用来增强对日光的使用。以及一些民宿的内部空间将实体隔墙拆掉，运用遮挡视线却不挡风的软隔断材料进行分隔，或是尽可能保证一楼的通风状况，以达到整体通风的效果。平田手工作坊正是运用了材料的革新，将新材料与传统瓦片混合铺设，并在顶部开设天窗，从而解决了原始建筑中采光较差的问题。

3.建筑内人居舒适度提升策略

传统民居建筑的主要诉求是对私密性和安全性的重视，在漫长的演变过程中逐渐延伸出了对舒适性的要求。直至今日传统民居改造的民宿空间需要多方面考量，其中最重要的因素之一就是房间内的温度控制，这取决于建筑屋顶的隔热性能，性能较好的屋顶能达到室内冬暖夏凉的效果。目前对屋顶的改造都是将现代材料如保温隔热板运用为屋顶材料，或是铺设卷材同时达到防止雨水滴漏的目的。地面也多会在铺设地板前做防水处理，室内多安装新风系统，以保证有持续的新鲜空气进入。

4.完善民宿配套功能设施

民居建筑改造民宿的过程实际上是私人住宅迎合旅居行业的改造路径，通过对民居建筑功能的改善项目分析和细化，可以总结出以下几个配套功能须完善：①电量供应；②生活用水供应；③燃气供应。以生活用水为例，一旦经营了具有营利性质的旅居行业，民宿建筑的用水量就比村民自用水大得多，通常较为合适的做法是引山泉水净化后供使用。考虑到民宿行业及村落旅游行业的开发，还需要在村内较为合适的地方设置化粪池，民居前的明渠仅作为景观美化用，并不参与生活污水的排放。以此种方式改善村内的卫生环境且具备一定规模的水量供给，可满足大批量游客的同时使用以及生活用水排放的正常处理。爷爷家青年旅社和云夕戴家山精品酒店都运用了此种配套功能完善思路，通过地下化粪池和水箱的合理建设，实现最初的保护环境和提升村落卫生条件的目的。

（五）建筑加建空间的合理性

乡村传统建筑在今天看来确实存在一系列使用功能及便捷性上的问题，使得乡村民居在内部空间的使用上与现代建筑有较大的差距。这种情况就需要设计师的介入，在有计划的取舍下对民宿进行改造，这一环节对建筑空间的加建较多。需要注意的是，加建部分需紧密围绕本土民居建筑的普遍特征进行，不可过于主观地创造出新空间形式，主要就是从材料和工艺入手保持原始性。

此外，建筑物的户外空间也是建筑物环境合理性的组成部分之一。乡村建筑原本就具有院落空间，在民宿改造的时候，对院落功能的重新定义以及区域内服务形式的设置直接影响了院落的样式。院落是衔接自然空间和人居空间的过渡地带，这一区域适合用乡土材料进行围合，利用低矮的植被遮挡一部分视野，可以供游客在此进行半户外区域的休闲活动，摆放摇篮、靠椅等设施与花圃形成惬意的乡野体验空间。另外相对建筑而言，院落中的景观设计主观性可以略强，这就能改善建筑物的改造样式，形成丰富的整体视觉效果。

（六）住宅文化沿袭视角下的设计思路

将传统民居建筑开展民宿商业活动无论从对建筑本身的保护和使用寿命的延续，还是从地方文化的沿袭角度来说都有着较强的现实意义。改造民宿过程中的种种原则和思路奠定了传统民居的原始性，改造的适度原则在一定程度上延续了传统民居建筑的外在形式和内在文化。实际上，民宿建筑作为旅游业开展活动中的服务空间，同样也是地方住宅文化的另一种表现形式，它有着当地的地域特色和文化特性，正是此种人文沿袭为村落引来源源不断的游客。

传统民居建筑所承载的是本地村民长期以来的生活习惯，进而衍生出住宅文化与传统习俗，与之相对应的是在周边自然环境影响下所形成的饮食文化、物质生产文化等。民居作为村民生产文化的场所，在改造成民宿后同样扮演着人类与自然环境沟通者的角色。民宿本身的分布、空间内的格局、材料的运用及风格特征都是在当地人文场所环境内形成的，对传统民居样式的保护策略正是基于以上设计手法凝练成的，不仅对地方聚落生态、人居环境有较为积极的影响，对当地长期以来延续的宗教信仰、传统民俗、社会构成形式、历史人文等都能有较完整地继承，也为现代人了解传统文化构建了新的窗口与渠道。

在建筑改造时如遇到需要新建的结构，其样式需在沿袭原建筑同一部位的结构外观的基础上来进行设计，重点继承较为复杂的内部工艺以及自然材料的加工方式，这实际上是一种对传统建筑局部构造的"模仿"。不需要重新新建的地方可以采用修缮的工艺，同理也是继承地方传统手艺，可聘请有营建技艺的村民前来对关键结构加以指导。在对物理空间进行主观修复后，才能为文化的沿袭奠定基础。

此外，地方传统文化还蕴藏在民居建筑所使用的材料之中，传统材料具有原始且古朴的质感。在改造时须注意使用寿命长的新材料与传统材料的视觉可辨别性，这正是为了衬托出传统材料蕴含的历史情感。在两种不同时间段诞生的材料对比下，建筑自身所蕴含的历史人文意义得以凸显，同时还具有相当丰富的视觉效果。

第四章

海南黎族乡村民宿在地性设计与发展研究

第一节　在地性设计

一、在地性概念阐述

"在地"和"在地性"是两个概念，"在地"是指一具体的位置，"在地性"是指该地域所具有的自然环境或人文环境的某种本性或特征。在地性具有空间和时间两个属性，既包括自然地理气候环境特征，也包括该地人文意识形态的特殊性。

就目前来说，建筑的基本属性就是地域性。人文地理学强调"人类与自然界是不可分割的整体"，人类的发展需要和自然界协调统一。在建筑创作上来说，就是建筑需要顺应当地的自然环境。中国国土辽阔，地理环境的不同造就了不同的在地性建筑形式，例如西南适应炎热气候的干栏式建筑、黄土高原上冬暖夏凉的窑洞、贵州河边的吊脚楼等。另外一种在地性建筑是指通过建筑造型、形式、材料、细节或者装饰风格来反映当地的文化。建筑地域性是人工建筑与自然环境长期选择而形成的结果。

综上所述，建筑的在地性具有两层含义：第一层是针对传统的在地性建筑，这类建筑强调自然环境对建筑的影响，一般的影响因素是地域气候、环境特征、地形地貌特征。第二层含义就是注重该地区的生活方式、行为习俗等文化价值特征，从而创造生态和谐的建筑。在地性建筑一般具有两个特征：文化特征和生态特征。

1.在地性建筑的文化特征

在地文化是决定地域性建筑的重要因素，地域文化指特定区域独具特色的至今还在发挥作用的文化传统，一般包括人们的生活方式、行为习俗等因素。从材料、结构形式以及装饰细节来表达建筑的在地文化。

2.在地性建筑的生态特征

建筑顺应自然环境主要体现在两个方面：一方面是尽量减少对自然生态环境的破坏；另一方面是通过建造活动来协调适应生态环境。在地性建筑一般充分利用自然环境因素，例如气候特征、地形地貌。在地性建筑通常就采用当地的建筑材料，不仅具有良好的经济性，而且使用后还可以还原生态环境，对生态环境的影响降到最低。例如，热带地区常用竹木和苇草建造房屋，黄土高原直接利用土壤建造窑洞等。

二、在地性与乡村民宿

（一）乡村民宿的在地性设计要素

乡村民宿多是以休闲和享受为旅游主题的旅居产品，因此它的在地性与休闲内容有着密不可分的关系。设计要素需要从自然环境适应性、地域人文表达性和建筑材料及技艺原始性三个方面入手，同时还需把控地方文化的乡土特色与传统酒店较为高端的品牌要素之间的协调性。

1.自然环境要素

乡村民宿一般位于远离市区的地方，与常规标准化的连锁酒店差异较大。乡村民宿常以散点式和整村式的形式出现，其中自然环境包含了民宿内部景观和外部环境，在这一前提下民宿建筑的生态性则更加重要，其中包括地形与景观、气候特征等。

（1）地形与景观。乡村民宿的地理位置特征使其不得不在建设规划初期就要考虑对其环境的保守型开发思路。加之乡村民宿一般要有一定的占地面积，对地形地貌过度的人为干预始终是不被推崇的。因此乡村民宿需要与地区的地形与环境相协调，利用天然高差营造民宿空间，尽可能少地破坏土方和植物资源。这种方式也是对其地域自然资源的一种保护和利用，游客在民宿中能够视听到的一切天然元素均是地域自然资源的馈赠，无序开发和盲目的仿造只会导致地域性乡村民宿与常规星级酒店趋于一致，毫无个性可言。故民宿周边的山体、峡谷、竹林、溪流等均是游客喜闻乐见的自然资源，对这类景观的保留和有效利用是值得设计从业者思考的问题。

（2）气候特征。除了地形与景观，气候特征也是值得乡村民宿建设者深思熟虑且应尝试利用的地域自然环境特征。常规情况下酒店多通过自动化的方式对室内温度高低、光线明暗、通风性能进行调节。在乡村民宿中，这种方式不一定能起到较好的效果。因乡村民宿的地理位置特殊，除了部分地区需通过空调来控制温度外，其余室内环境都可通过建筑的合理性设计来协调。乡村民宿的设计多会紧密结合当地的自然环境和气候特征，室内采光、通风等功能在设计之初就已经包含在考量范围内。这样能够节约资源能耗，也能让游客感受不同于城市的居住生态性。例如对通风功能的考量，乡村民宿会根据需求进行。纬度较高的地区春秋季气温较低，通常会用围合式的建筑布局，减少通风的面积以达到保暖和防风的作用。维度较低的地区气温较高，就会出现一层架空的结构，增强空气在建筑间的流动性，建筑间距也相对较宽，增大了与流动空气的接触面积。

2.人文内涵要素

气候环境的差异性造就了地方居民不同的生活习俗，长时间的沉淀后形成了颇具地方特色的人文内涵，并通过多种多样的形式和载体呈现出来，成为吸引游客前来探索观光的有效地方资源。传统酒店相较于乡村民宿而言，显然不具备接地气的民俗民风优势。

乡村民宿的空间可塑性表现在民宿设计内容的多样性上，在选定某个文化主题后，可根据此文化的核心要素进行提炼，融入环境的空间、色彩、立面样式、软装的设计中，这种方式能够较为直观地体现出场景空间的地域氛围。

旅游的实质就是去家乡之外的地方体验和感知他乡的风景和文化，在某些方面人们对乡村民宿的地域文化体验需求更加强烈。建筑形式是地域文化尤其是住宅文化的可视性载体，根据地方建筑特色改造而来的乡村民宿是除旅游景区外的另一大文化体验区域。在乡村民宿中融入地方特色，如少数民族文化，能够扩大度假酒店的市场竞争力，在一众连锁式现代风格酒店中脱颖而出，形成鲜明的人文内涵。

3.建筑材料和工艺

建筑材料是组成乡村民宿最为基本的物理要素。材料本身并不具备过多的文化内涵语言，只是因其外观、属性被人赋予了价值意义和文化隐喻，只有当材料在适当的形式下加以组合，才能构建成具有地方传统住宅文化的形貌。乡村民宿多采用现代材料与地方传统材料相结合的方式，一方面保证材料获取的便捷程度，另一方面通过本土材料的内涵属性引导现代材料组合成具有地域特色的形式。与此同时，乡村民宿的营造工艺也介于现代和传统之间，其中承重结构由现代技术主导。细节的装饰结构和一些明显体现地域风格的建筑构件，则采用地方传统工艺进行雕琢和加工。

一栋较为实用的民居建筑是地方人民从事生活生产劳动的根本保障，不仅仅是由自然材料围合起来的遮风挡雨的简单场所，更是本土居民对生活的理解、对地方文化的长时间解读，再由时间的沉淀形成今天的地方文化物质代表。例如杆栏式建筑、生土窑洞、船型屋、客家围等，这些建筑生成与当地的风土人情紧密相关。乡村民宿的形式、材料、工艺在一定程度上延续这种特色，能够为游客提供富有地域文化艺术特征的旅居环境。目前，国内有诸多乡村民宿都开始了此类改造与优化。

（二）在地文化在乡村民宿设计中的设计原则

1.乡村民宿的市场定位

乡村民宿规模无论大小，通常都有着一定的旅游接待能力。乡村民宿除了提供传统住宿和餐饮之外，还包括一系列空间内的体验活动，以及民宿所依托的自然资源的乡村旅游定制服务。这些服务并非全然由民宿自行规划，而是民宿根据对整个村落区域的深入了解，寻找到的适合本民宿实施的特色服务。

当下，国内旅游市场上旅居种类较多且服务内容丰富，如何提高自身市场竞争力是乡村民宿较为重要的研究方向。乡村民宿的优势显而易见，其中高端的市场定位是普通连锁酒店所不具备的，那么地域特色的打造则成了优化乡村民宿休闲要素、明确民宿服务主题的有效方式。从另一个层面来看，在地性的呈现必然需要沿袭传统民居建筑形式与文化要素，在某种程度上也是对该地区历史人文的保护与继承。

乡村民宿的服务对象是中高端群体，他们并不急于快速浏览旅游景点，而是采取慢节奏的生活模式，因此乡村民宿中除了住宿和餐饮外，还具有一系列远离城市喧嚣的有氧场景，如峡谷、湖泊等、田园体验、康养等。这是乡村民宿区别于连锁酒店最为主要的服务内容所在，而且随着市场及游客的需求不断演进，这类服务产品的质量已经成为乡村民宿经营中十分重要的打造亮点。除此之外，影响乡村民宿发展的还有其区位条件、装修风格、服务水平等。基于以上内容研究，乡村民宿的核心竞争力发展与生态保护意识的体现均可通过在地性的提炼方式完成，并在设计师的引领下强化民宿人文内涵，丰富服务特色标准，整体带动乡村民宿的核心竞争力提升。

根据游客对乡村民宿的需求研究可以得知，最基本的要素就是民宿空间的清闲和安逸，山谷乡村的民宿则更具有优势，其自然生态和慢节奏的生活方式与城市截然相反，也与建造在城市闹市区的快捷酒店经营模式全然不同。在此基础上，游客才会进一步考虑更深层次的享受和娱乐需求，例如一些亲子活动、水上项目、温泉体验等。当下已经建成的乡村民宿，主要致力于提升服务的创新性和娱乐种类多样性。

2.挖掘在地文化的合理融入方式

在地文化的融入无疑是对乡村民宿人文内涵的加持，这种思路的实现路径有很多种，既可以通过外部空间的建筑形态、营造工艺的打造来实现，也可以通过内部空间的室内设计、色彩搭配、软装配饰来凸显在地文化艺术的特色，综合打造地域文化的在地性特质。

随着社会及人们对建筑的理解不断深入，在地性民居建筑不再仅仅指造型原始、工艺传统的那一类老旧建筑，其概念同时也包括了利用新时期建筑材料和新的建造工艺形成的民居建筑。同时这类民居建筑需要满足该地区的气候条件，而不是照搬常规建筑形式。这种民居建筑在外观和内部空间中有着较为明显的在地文化因素，继承了一定的地域传统建筑特色且有创新手法的运用。这种民居建筑营造思路与乡村民宿相结合，就形成了当下在地性乡村民宿的特色属性。

3.在地文化在乡村民宿设计中的设计原则

快速发展的经济使得国内人均收入不断提高，可支配的收入提高带来的是选择在节假日出行的人数逐渐增多，那么原本就已经将度假旅游看作是常态化的休闲方式的人群对度假旅游的需求则会水涨船高，不再仅仅局限于旧有的旅居服务和常规形式。因此地域特色旅居服务应运而生，不再只限于给游客提供住宿空间，还有丰富的体验活动有待游客发掘。在地性所带来的是酒店综合性竞争力的提升，这种提升同样也需要遵循有一定的原则。

（1）在地性的时代特色。需要注意的是，乡村民宿的在地性特征并非以时代特色的缺乏为代价，反而乡村民宿的时代特色是其核心竞争力的重要组成部分之一。其时代特色主要是围绕当下社会对乡村民宿的主流审美标准进行的，主要有景观环境、民居建筑外观、室内装饰、服务水准等评判要素，地域化特征不再依靠老旧和破损的落后形式呈现。

当下社会发展的时代特色中较为重视的一点即是对自然环境的重视。乡村民宿在满足了地域性特色呈现方式的时代属性后，就不得不思考在地文化的时代性以及表达方式。乡村民宿对自然环境的影响不言而喻，那么在有限的空间内如何尽可能少地破坏生态是每一位乡村民宿设计师须考虑的问题。除了在外观上运用自然材料以保持与环境视觉的协调性，还需要在开发时尽量避免对植被的砍伐以及土壤的挖掘。

乡村民宿设计从业者需要以变化的目光审视行业前进的步伐，现今，在地文化概念及地域建筑定义不断完善且优化，这就要求设计师不仅要灵活运用材料与工艺，还需以动态思维考量乡村民宿中在地文化的表现方式，做到适度合二为一，赋予传统文化新的使命与意义。

（2）功能与艺术的统一。当下社会中连锁酒店的早期形式即是客栈或驿站，在封建社会时期就已经有了"雅间"的叫法，用于区分装饰程度不同的住宿空间。该行业发展至今，可以明确的是人们对于旅居空间的美观性需求相较于封建时期更加迫切，尤其乡村民宿这一以享受休闲为主体的旅居空间，其客户群体对民宿室内外环境艺术性的统一追求更高。然而艺术感的高低并非一味地取决于室内装饰风格，还有较大一部分来源于民宿中的设计是否人性化，也就是功能性是否齐全，有没有以人为本去进行设计规划。在对美观和功能性同时保障的前提下，地域元素就可以作为核心竞争力在后期装饰风格中画龙点睛。由此可以看出，功能和艺术的关系自古以来就呈现出一种博弈的状态，无论哪种产品，实用与美观双轨并行才具有"美"的基本。

（3）可持续性发展。乡村民宿通常会选择远离城区，靠近山地、水源等环境优美之地，依靠自然环境资源打造生态休闲旅居空间。因服务性质及功能特殊性，乡村民宿通常会有着较长的使用寿命，前期若缺乏对生态保护的考量，就会长时间的对周边自然环境带来消极影响。因此需要以可持续发展的眼光看待乡村民宿的设计，秉承着与环境共生的理念打造民宿格局。

（4）传承性与创新性。乡村民宿的外观及室内空间的设计始终是设计行业内较为火热的话题，当下国内有诸多乡村民宿的设计在地域文化认同的思维下开启了对传统民居建筑形式的继承工作。如在建筑外观上、建筑内部格局上，这种单纯的复刻仅仅只是传承性的一个方面。简单的复制和再造完全可以出现在整村保护形式下的传统村落中，或是非遗保护的文献资料里，乡村民宿的传承属性不再是单一的保护，而是通过其功能及平台，将传统文化加以活态并弘扬。这就需要融入创新性思维，在对在地文化和传统民居建筑形制特征了解的前提下，运用设计学理论展开创新。

三、海南黎族乡村民宿设计的在地性体现

黎族是我国非常重要的一个民族，黎族的优秀传统文化、在地性的建筑风

格都非常有民族特色，值得我们发扬光大，让全世界的人看到黎族这个神奇的民族。海南正大力发展旅游业，同时在推进国际旅游岛、海南自贸港的建设。我们可以以设计乡村民宿的形式传承黎族文化。在乡村民宿设计中融入黎族文化，对黎族传统民居建筑与民俗文化进行考察研究，探讨新时代下黎族民居建筑如何发展与继承，为传播民居建筑文化的保护与开发提供有力的依据。

（一）在地性设计思想

在地性设计主要是指从两个方面着手。一是传统的在地性设计，主要是指建筑受到当地的地区、气候条件、地理环境以及其他因素的影响，同时在建筑修建维护时利用当地的建筑材料以及工艺，依据当地的自然环境、风土习俗来修建民宿。二是广义上的在地性设计，是利用现代的材料、现代的工艺技术，再融合当地的建筑特色，设计适用于这个地区的有在地文化特色的建筑。从传统意义来讲，在地性的广义意义适应性更强。

影响在地性设计的因素有三个：自然环境、人文环境以及传统民居建筑经济要素。首先是自然环境因素，其包括地质地貌、水文特色、空气湿度、太阳辐射、植被动物等特殊资源。影响民居建筑风格最多的就是自然环境，不同的地域环境赋予了民居建筑的不同风格特性，大自然的赐予便是民宿顺利开展最为有利的特点优势。其次就是人文环境因素，这是最为关键的影响因素，其中包括本土的民族文化以及宗族信仰。人文环境因素是游客旅游体验的最为重要的一方面，民宿的设计上只有提炼了文化元素才能成为该地区的标志，才能发挥其风土人情在民宿中的最大价值。最后是经济要素，民居建筑的革新与经济的发展息息相关，一个地区的经济技术、产业类型在现代建筑中都起着不可忽视的作用。

（二）黎族民宿在地性设计表达的思路

民宿不仅是城市规划的一部分，也是现代的一个经济产品。它不仅可以体现本土的文化背景，而且更能表达当地的在地性和时代精神。对于今天的社会，民宿的多元化以及经济的发展达到一个很高的程度，人们越来越重视民宿的经济性质和技术革新，而忽视了本土的在地性感知。民宿设计逐渐千篇一律，没有本土的文化特色。

海南黎族民宿的设计应该重视海南黎族的在地文化特色，考虑黎族地区的特殊特性，只有把传统与现代相结合，才能满足时代的发展，体现海南自贸港的特色，并且展现中国传统的文化魅力。在地的时代与时代的在地性是民宿设计应该表达的思想。

1.在地的时代性

黎族民宿的时代性主要表现在民宿主体以及村落景观设计上，通过现代新科技、新工艺、新技术等表现出来，必定会形成与传统样式不同的视觉效果，这种方式能够解决传统黎族民宿建筑形式特征在向现代化迈进过程中的成本、功能、经济等重要问题。其中最为关键的技术在于时代特征要素如何结合在地文化特征，让黎族的传统文化得以彰显并通过乡村旅游的形式发扬光大。海南保亭槟榔谷景区的大门外观的建筑结构样式就是将海南黎族传统的大力神、牛的图腾纹样与现代新工艺、新技术相结合，很好地诠释了在地性的时代表现（图4-1），也为黎族民宿的在地性表达提供了一个思路。

2.时代的在地性

所谓时代的在地性，即现代民宿在设计过程中保留其现代特征的同时，还应该考虑其所在环境的适应性。应将该地区的环境气候、地貌特征、宗教

图4-1 槟榔谷景区大门（图片来源：作者自拍）

信仰、文化习俗等在地性元素融为一体。具有黎族建筑特征的民宿在设计过程中应当在保证其建筑特点的基础上，尽可能地采用现代建筑材料和建筑技术，保证其质量以满足游客的需求。与此同时，在黎族聚居地特殊地貌环境下的民俗客栈建设应当具有一定的时效性，保证该建筑适合自身的经营模式和定位。

（三）黎族人文环境的孕育重塑

无论是实用性民居建筑还是观赏性民居建筑，无论是民居建筑群还是单体民居建筑，在其设计的过程中基于周边环境的考虑是必不可少的。尤其是在旅游业相关的建筑群的规划中，基于自然环境的景区规划既满足尊重本土自然特点的要求，又能够利用现有的自然景观资源因地制宜。对黎族古村落的改建活动应着重考虑黎族村落特殊的地貌，由于黎族对于通风、排水等居住条件的需求以及依山傍水而居习俗，黎族人的居所通常坐落在上坡地带，坡度导致的高低差使得村落呈现出明显的分层情况，各层之间通过简易的人造石梯通行。在黎族民宿的设计中可以利用黎族村落的这一特征，保留民居建筑群之间的层次感，对各层的楼梯进行功能和装饰上的合理规划，在保留当地人文风情的同时也能提高民居建筑群体的观赏价值。

除了地形以外，"水"也是黎族村落中不可忽视的一个自然环境元素。作为生命之源，世界各个民族都有对河流的崇拜。在中国，无论是出于风水学对建筑选址的影响，还是"智者乐水，仁者乐山"的文化内涵，水景都是中国人最喜爱的自然景观之一。对于黎族人而言，依山傍水的选址模式基本是基于生存的考虑，河流能够为黎族人带来耕作和饮用的水源，也能够提供渔业的场所，是黎族人生活中不可或缺的部分，因此黎族人保留了最原始的生命对于水的情感。在黎族民宿的规划设计中加入水景（池塘、喷泉等）是尊重黎族本土文化的体现，并且符合中国人对水景的喜爱。同时，在中国人的自然景观观念中，有山则必须有水，如在黎族原址的山坡上进行民宿的改造，水景能够与山景交相辉映、相辅相成。

1.入口营造与内部空间

入口是建筑由外部空间进入内部空间的过渡区域，既非室内空间，也非外部空间。外部的自然环境与建筑的室内环境通过入口连接起来，使建筑和周围环境能够相互融合，成为一个整体，而非相互间独立的存在。对于人而言，建筑的入口是一个通道，这个通道不仅包含物理意义上的通行道路的含义，还有人从一个环境进入另一个环境中的心理层面的引导和过渡，因此入口需要对人有一定的过渡和引导的作用。以黎族民宿为例，室外空间有绵绵重山、潺潺溪流和郁郁青青的植被等自然景观，也有黎族风情的建筑以及人造景观。基于这些外部环境元素，民宿的入口处可以设置一些小的自然景观元素如盆栽、小型喷泉或水景，以及黎族的手工艺品等。入口作为游客的出发点，相应设施应一应俱全，如整装的全身镜、暂时等候的休息区等。入口空间的色调和灯光应该相互协调，以柔和的暖色系为主，让游客外出归来时有一种放松的舒适感。

为了保留黎族建筑的特征，建筑外部多采用木质材料以及框架式结构。建筑内部一定程度上还原原有的室内陈设，但基于现代社会适应性的考虑，仍然需要添置一些新物件以及进行结构上的优化。如添置卫浴、家用电器、厨具等现代生活用品，改变黎族建筑不开窗的习俗，并增加窗户面积，提升室内的采光和通风质量。室内的家具、墙体、地板等选材与建筑外部一致，尽可能使用木材，这既是保持建筑整体风格一致、符合当地地域特征的考虑，同时，木材这类自然材料容易给人一种亲切、放松的感受。

2.庭院

庭院是建筑区域内部的一个相对封闭的空间，但并不是室内空间。通常情况下，黎族民宿庭院中种植的都是海南热带所特有的花卉和低矮的灌木，再引入一些自然景观如凉亭、桌椅等。庭院是外部空间向建筑区域内的延伸，可以说，庭院相当于一个微缩型的外部环境，但其封闭的结构特征又避免了外部环境中的嘈杂，营造了一个安静又亲近自然的空间。庭院内的植被和水景可以提高建筑区域内的空气质量，开阔的庭院对室内采光也有一定的帮助。尤其在海南的独特地域气候的影响下，这里把庭院设计体现得淋漓尽致。在中国的文化传统中，人们对于宁静祥和、恬静淡雅的生活环境是十分向往的，如今快节奏的城市生活让人们陷于俗务纷扰之中，迫切需求精神上的放松、拥抱自然。而一个极具自然气息和生活气息的庭院设计则可以很好地满足游客的这些需求，海南的乡村民宿具有得天独厚的优势。

3.虚空间的运用

虚空间是中国传统民居建筑中经常运用的一种空间手法。所谓"虚"是相对"实"而言的，"实"即为实体的空间划分结构，主要是墙体这一类完全遮挡视线和行进路线的、不可移动的结构；"虚"则是相对模糊的空间划分结构，诸如可开关的房门、窗户，以及半遮挡的屏风，甚至可穿越的帷幕、帐都可以作为"虚"空间。与实空间相比，虚空间的特点在于人的行动或视线并没有被完全限制，人可以透过玻璃、薄纱看到另一个空间的事物，也可以拉开幕帘前往下一个空间。相较于实空间中的墙壁给人的封闭感，虚空间则更为开放，容易使人感到轻松和舒适。在虚空间的营造中，玻璃、薄纱等透明或半透明材质起到过渡缓和的作用，相邻空间的样貌可以窥视一番，让空间之间的转化更加平滑。同时，虚空间划分结构的材料自身的美感也可以起到室内装饰的作用。海南的自然环境是其民宿设计的优势，所以在民宿设计中应多运用虚空间的设计手法来体现海南民宿的在地性特色。

（四）地域材料与做法的现代延续

黎族民居建筑的选材特点为就地取材，以自然材料为主，如木材、竹材、葵叶、泥土等。黎族民宿的选材将很大程度上保留这一特点。自然材料可就地取材，价格相对低廉，且绿色环保，对当地自然环境的危害较小。木材、竹材等自带的纹理和结构具有特殊的美观性，是天然的装饰品。最重要的一点，因地制宜选择当地的自然材料进行建造，符合黎族地域文化的建筑特点，也是对黎族传统建筑风格的保护和延续。民宿在我国拥有悠久的历史，作为供游客旅居休息的场所，民宿的室内空间设计既要突出旅游地的文化特色，又要给予游客一个舒适的休息环境。而木材和竹材等植物材料由于具有气孔而隔音效果较好，能够保证房间内相对安静。黎族文化与自然材料有较高的亲和力，黎编、黎陶等都是运用自然材料制作而成的工艺品，可以作为客栈内的装饰品，同时向游客展示黎族的风土人情，向外界传递黎族地域特色，发扬黎族文化。

除了自然材料的使用外，作为现代民居建筑，必要的现代材料的使用是应当被允许的。如虚空间的创造，运用玻璃、纱等人造材料来营造更好的视觉效果，这是自然材料难以做到的。

（五）传统村落的空间文化隐喻

黎族文化是中华民族文化的瑰宝，作为拥有几千年文明史的古老民族，黎族长期居住在海南岛上。热带岛屿独特的气候条件和自然环境使黎族人呈现着与中原地区截然不同的生活面貌。在数千年的生存、劳作中，黎族人不断克服困难和适应自然，满足自身的物质和精神上的需求，最终创造了丰富多元、特征鲜明的民族文化。作为一个古老的民族，黎族的宗教并未形成完整的体系，而是以神话故事为主，因此神明图腾等符号元素在黎族纹样中是非常常见的。黎族人精于手工艺（编织、制陶）的制作，从农业生产器具到生活用品甚至乐器都可以自己制作。事实上，黎族人十分擅长音乐和舞蹈，黎族的音乐十分有特色，鼻箫、口弓、水箫、洞箫等演奏方式各有特点。舞蹈方面，黎族的竹竿舞在中国也是十分著名的，并成为黎族的文化象征之一。在黎族众多手工艺之中，黎族的织锦成就最高，影响最深远。黎锦历史悠久，是我国的非物质文化遗产，制作十分精巧、色彩鲜艳亮丽，种类丰富。黎锦纹理样式繁多且复杂，通常为黎族传统文化中的图腾样式，如动物纹、植物纹和几何纹等。因制作工艺高超，工序复杂，黎锦本身拥有极高的价值，在古代常作为朝贡品进献给帝王。作为黎族文化的重要体现，黎锦可以凭借其自身的美学价值，作为黎族民俗客栈的装饰，突出客栈的民族主体，展现黎族文化色彩。

（六）基于地域建筑文化的审美意象

1.采光与照明

采光是民宿设计中非常重要的一环，其主要是通过门窗等结构的合理规划使自然光能够充分地进入民宿室内空间。采光效果差的室内会给人的日常生活带来不便，也会影响人对室内装饰、陈设的感知，降低游客对民宿的评价。人工照明主要是在无法完全依靠自然光的场合（衣帽间、浴室）以及夜间使用。黎族民宿的特点是对自然环境的充分利用，因此尽可能使自然光能够满足大多数的光线需求。黎族民宿使用的自然材料营造了温馨、舒适的氛围，在必要的人造光源设置上，灯光也应当迎合这一氛围，以暖色调的柔光为主，使居住于此的游客感受居家时的温馨惬意。各处的灯光根据具体功能有不同的规定，如室内的主灯光线亮度应相对较大，能够基本满足整个室内的照明需求，而床头灯，台灯、落地灯的亮度则不宜过大，照明范围应局限于所使用的区域。灯具作为常用的家用电器，也可以具有一定的装饰作用。如将黎族的编织工艺运用到灯具的外观上，既能起到装饰的效果，又能营造灯火阑珊的意境。但需要注意，灯具的装饰性应从简，以免与其他装饰物产生视觉冲突。

2.细部设计

黎族民宿的设计应当从各个角度考虑到人的使用体验，遵循人性化设计的原则。民宿大门的设计要足以吸引游客，展现地方特色，体现民族风情。若庭院具有一定的规模，则需要在适当的位置和适当的距离下设置公共座椅，一片区域内应当有一个小型的休息区供外出的游客暂歇，观赏景色。内空间不宜过于封闭，要让视线范围尽可能开阔，以便游客观赏周围的自然景色。室内灯光的色彩、盆栽、工艺品等装饰的排布也需要合理规划，使内部空间内容丰富、层次分明，又不显得过于杂乱拥挤。

第二节　乡村民宿的在地性营造

一、乡村民宿在地性营造原则

评判某一个地方乡村民宿设计的优劣与否很大一部分参考因素在于它是否有在地传统文化因素的融入，这是当下乡村民宿设计者所致力的方向。在乡村民宿中融入在地特色能够较好的缓解大空间所带来的疏离感，既可以体现乡村民宿的服务特色，又能通过明确的在地性主题吸引游客，增强核心竞争力。

传统的地域民居建筑有着较强的生态性，因材料源于自然、建造不动土方，因此环境保护程度较高。乡村民宿的在地性同样也要延续此种设计理念，减少资源浪费，提高人居环境的生态性。由此看来，当下的地域民居建筑无论从外观上还是内涵上都有着对传统建筑较高的模仿意识，这是由于无论是传统民居建筑还是现代民居建筑，都应建立在对地方环境的适应基础下。值得注意的是，若仅从民居建筑形式上表现在地性则会让乡村民宿失去人文内涵，应综合经营理念、服务特色、主题活动等要素，共同探索出较为深层次的在地性意识传达方式。

（一）在地文化与旅游目的的契合

游客对目的地的期待主要是为了获得不同于往常的生活体验，通过这种方式达到转换心境、休闲放松的目的。这样一来地域民居建筑就成为一个较为合适的空间场所，能够以极具特色的氛围和体验活动引领游客走进在地文化之中。这种形式也出现在诸多主题性酒店中，例如上海迪士尼乐园配套的酒店，有着各种动画主题的房间，不仅日常餐饮和活动都围绕经典动画IP命名，还能提供许多特色服务。这种方式同样也能借鉴到乡村民宿中，带给游客不同于连锁酒店的定制满足感。

1.文化体验

除了自然观光，文化体验是旅游的另一诉求。但是旅游活动有着时间短、密度大的特点，文化体验实际上是一种在地文化符号的消费行为，是将地方本土文化高度凝练并商业化的结果。

2.自然体验

不同于传统旅游景区的风景观光，随处可见的景观设施以及穿梭在民宿环境中的人与自然关系的解读，才是属于乡村民宿的自然体验。例如酒店配套的沙滩、雨林等自然资源。

（二）符合生态旅游发展前景

如今各行各业的发展都在遵循着环境保护原则，对生态的保护是现下社会发展最主要的目标之一。乡村民宿的自然属性使得该行业更加注重对环境的保护，尤其是在生态旅游概念提出后，人们开始追求一些以生态保护为主题的旅游活动。其中不乏生态乡村民宿出现，这类民宿通常位于自然深处，其外观样式因地势地形不规则的走向有着较为丰富的变化，是较为典型的以保护环境为驱动的设计展现，建筑材料也多用自然材料，以为游客提供原生态的旅游度假服务。

二、乡村民宿的主题营造

相较于连锁型酒店而言，民宿内部空间的设计主观性较强，且能够开阔视野打造创意主题。民宿空间的主题可以来自当地的自然环境资源或历史人文资源，也可以是少数民族传统文化或经营者喜好的艺术或运动。

（一）自然环境资源的深层次解读

自然环境资源的优势不仅在于可用于日常观光，还在于依靠环境生态提升民宿整体的住宿水平与体验。位于苏州同里古镇中的民宿建筑——隐庐同里别院则是较好地处理人居环境中的生态体系案例。其民宿主题与古镇旅游相契合，除此之外还与自然环境融合形成了较为典型的中国传统生活美学。该民宿由民国时期的民宅改造而来，延续了中式传统住宅风格，游客可以通过连廊、景窗感受到步移景异的新奇感。除了空间视觉形态的传统延续，民宿所提供的住宿相关服务也与传统文化息息相关，例如在每日的不同时间段都设置有体验活动，清晨的太极拳学习、晌午的茶道文化体验、午后的书法体验及禅修活动等。民宿中的餐饮供应有明确的时间段，对游客的生活节奏安排有着较高的要求，能让游客在此放慢脚步，体会慢节奏的度假乐趣。

（二）在地文化的多元发展

地域文化的多元发展可以重点围绕地方本土生活习俗及其衍生出来的手工艺技艺或农耕技术，还有以上二者形成的饮食文化等。

台湾三义乡双泽村的卓也小屋民宿，挖掘的是地方传统手工艺——蓝染技术。该技术属于中国古代传统的印染技术，最早始于秦汉时期，因其工艺对匠人手头功夫要求颇高，若想染出较高水平的蓝染布料，需要至少二十年的练习，这就为此项技术的传承提供了帮助。卓也小屋民宿经营者的先祖掌握此项工艺技术，一直流传至今日，民宿周边种植有蓝染颜料必要的植物原材料"马兰"。由此可以看出卓也小屋民宿依托的资源不仅是环境，还有以蓝染技术传承为主的人文内涵，这二者贯穿于民宿设计主题之中，同时也是该民宿提供的特色服务之一（图4-2）。

莫干山地区的民宿中有一间以书法为主题的民宿，据了解该民宿的经营者是一名书法爱好者，他在莫干山的乡野环境中打造的这一书法主题民宿更像是自己的艺术工作室（图4-3）。建筑中一部分区域可用于短租，另一部分区域则用于开展一些小范围的书法交流活动或是书法展览。经营者利用了该建筑的层高优势，在墙面上挂满了长幅书法，为民宿增添明确的主题特性。除此之外，音乐、美术均可作为艺术主题来打造。

图4-2　台湾苗栗三义　卓也小屋民宿（图片来源：携程旅行）

图4-3　莫干山居图民宿（图片来源：小红书）

餐饮文化的融入也是地域文化多元发展的另一种方式，丰富旅游体验的同时还能整合其他产业资源，如餐饮业和农产品售卖行业。在北京的柳沟村中，有着豆腐宴的传统餐饮习俗。在乡村旅游开展的同时大力发展传统豆腐宴，形成了一定的游客口碑和品牌效应，逐渐成为地方餐饮习俗主题旅游的标杆，当地旅游业的发展在一定程度上还受到了传统"火盆锅豆腐宴"餐饮文化的有效助力。海南黎族的特色美食鱼茶是由经过天然发酵过的高山熟稻米，再加上鲜鱼肉、鱼腩、猪肉、牛皮或鸡蛋等配料制作而成的一种古老菜肴，相似的还有黎族甜糟、黎家竹筒饭等。乡村民宿多由民居改造而来，多是由村民自己经营且承接餐饮服务，价格较低且有着个性化强烈的服务，提升了乡村旅游的核心竞争力。

（三）与经营者爱好结合

许多私营的民宿主题会依照其经营者的爱好进行布置，民宿经营者既可以在民宿内从事该项爱好，还能有效吸引有相关爱好的游客，这类民宿更类似于一种位于乡野中的工作室。这类爱好的表现形式有时候也会结合民宿所在地的自然资源进行调整。

例如，花艺爱好者所经营的民宿主题十分鲜明，公共区域为花艺展示区和花艺工作室，较为私密的区域就是客房。将民宿中的设计按照花卉生长环境进行布置，可以设计手工作坊、培育温室等。与此爱好有关的游客在此可以体验到跟自己兴趣相关的活动，也能置身于花艺绿植之中，有着较强的沉浸式体验感。民宿建筑内的室内设计风格也可以多围绕不同类型的花卉特色进行布置，除了软装配饰及景观小品都与之相关，房屋名称也都可以按照花卉种类命名。居住在此的游客能够在花艺工作室中进行插花、培植等活动，民宿经营者也可以定期开设一些干花制作教程，而学员所获成果也可作为纪念品带回家乡，留下较好的旅游回忆。值得一提的是，此种主题民宿多出现在温暖潮湿且日照充足的地区，以借助气候优势为花卉培养提供温床。例如，云南大理的多肉美宿家民宿就是民宿主用喜爱的多肉打造出来的主题民宿（图4-4）。

图4-4　云南大理　多肉美宿家民宿（图片来源：搜狐）

三、乡村民宿的在地性情境营造

乡村民宿的市场竞争优势一方面在于优美的田园风光，另一方面则体现在深层次的旅游体验上，这种体验是沉浸式的，主要源于乡村地区农业生产和城市相对罕见的手工劳动方式。这些环节的体验形式十分受欢迎，这是因为沉浸式体验是需要游客主动参与的一种方式，他们需要融入特定的情景之中，通过自身生活经验以及身体的灵活性完成一系列未曾尝试过的乡村生产活动。这不同于常规的被动体验模式，例如看电影和听音乐仅仅停留在听觉和视觉层面，属于通感投入缺乏身体投入。再如参观展览馆，是一种对美的欣赏或是对未知事物的了解，同样缺乏需要亲身体验的环节。这种沉浸式体验也被称为遁世体验，能够调动参与者的身心全部功能进行参与，例如儿时畅玩的游乐园能够带来不同于感官欣赏的快乐。

乡村民宿是沉浸式体验绝佳的发挥空间，本身民宿内部空间的可塑性较强，能够第一时间体现乡村环境的场所氛围，其次通过民宿中的装饰特色和个性服务，引领游客步入深层次的身心体验之中。

（一）材料与色彩

相较于空间的整体氛围营造，室内外墙面、天花板、地面及部分装饰结构的建筑材料更易于让游客捕捉到乡村民宿中的乡土色彩。材料的组成不仅有色彩上的心理沟通，丰富的层次和纹理也是直观传递情感的要素，是民宿设计中的重要组成部分。

乡村民宿的前身即传统民居住宅有着较强的环境适应性，其材料多为村落及周边范围内唾手可得的自然植被加工物，较为典型地体现了先人"天人合一"的生存观与造物观。我国自古以来都是农业大国，建筑材料依托的石、木、竹等的加工建立在相对落后的生产力基础上，因此较少使用精细的雕刻和大面积的搬运，这使得民居除营造技艺外人工干预内容较少，有着与环境高度结合的状态。

对这类建筑的改造可以延续就地取材的装饰手法，延续传统建筑的形制特征以及外观样式，以材料为载体沟通传统与现代建筑之间的情感。对建筑材料的合理利用，一方面可以丰富建筑的层次感和变化性，另一方面也可以迅速形成乡土空间的场所精神。不需要拘泥于传统营建方式，可通过现代技艺和技术加以传承，提高材料的使用寿命。

1.石材

部分位于山区的乡村除了拥有自然植被资源外，山地中的石材也是其天然的建筑材料。按照石材分布的地域及形成方式的不同可分为较多种类，如花岗岩、大理石、火山岩、鹅卵石等。不同种类的石材硬度和平整程度均不相同，这就造就了石材可用于建筑物不同位置的属性，例如大小相似较为平整的石块可以用于围墙的堆砌，不规则的石块能够用于建筑底部承重，表面有较多气孔的火山岩可用于建筑墙壁。石材的运用给人一种稳定且天然的氛围感。

2. 木材

木材在我国传统建筑中运用十分广泛，木材的属性相较于石材更加丰富，不同的树种其硬度、耐腐蚀性均不同，因此适用于建筑营造的各个方面。同时，木材独特的纹理能够传递温润舒适的视觉感受，多被用于室内装饰上。此外，因木材成材时间的长短不同，也有经济用木和农业用木之分，如黄花梨、紫檀等木材通常被视为奢侈的建筑营造材料。木材的融入对民宿内容环境的提升是整体性的。

3. 竹材

竹喜温润潮湿的生长环境，我国岭南一带的传统民居建筑均使用了竹材作为主要建筑材料。竹材的颜色和纹理丰富性没有木材多，但竹材的可塑性更强，有着极高的韧性，可以胜任承重、弯曲等多种营造情形。自古以来竹材因挺拔的身姿和素雅的色泽深受文人墨客的喜爱，幽静的竹林也是贤者们聚居休闲娱乐之地。时至今日，在民宿中运用竹材或种植景观竹，既能够从材料属性上达到生态目的，也能从文化内涵中彰显空间之淡雅。

例如，莫干山景区内的民宿就大量运用了山上的竹材作为建筑材料，有的用竹身排列成整齐的平面用于背景墙装饰，有的削竹成片加工成百叶窗帘，有的种植景观竹美化环境，全方位为民宿营造了隐士的气息。

4. 瓦

我国江浙一带民居及北方的传统民居对瓦片的使用较为普遍，将瓦片铺设在屋顶上的形式也逐渐成为我国传统建筑的典型特征之一。瓦片的作用在于良好的对雨水的疏通性，且瓦片屋顶并非完全封闭的顶面，可以满足一定的室温调控需要。当下有诸多民宿延续了瓦片屋顶的形式，也有采用瓦片和现代材料玻璃结合打造屋顶天窗的形式，那些铺设屋顶剩余的瓦片材料，也可用于围墙的堆砌或是院落中地砖花纹的拼贴，多样化的用途和瓦片独特的传统建筑元素语言使得民宿更具人文内涵。

5.砖

砖的烧制技术兴盛于清朝末年，至民国时期，砖才作为主要建筑材料广泛出现在城市建筑中，其形状及规格统一，因此能够很好地完成建筑墙体的堆砌工作。在烧砖技术出现之前，人们都用泥土作为墙体围合传统建筑，根据原材料的不同有青砖、红砖等不同颜色，砖面也有不同的纹路装饰，在堆砌时可产生不同的视觉效果。

6.生土材料

生土材料多出现在我国北方及西部地区，是乡村中十分常见的建筑材料。在人们掌握了土壤的烧制技术后，生土材料逐渐被淘汰，但在我国西部全然以生土作为建筑主材的地坑窑洞至今仍保留着这种形式。振兴乡村行动使得社会各界都在关注传统的建筑材料，生土材料开始被设计师们重视。这一材料营造的建筑因色泽和纹理都如土地一般，犹如地面的纵向延伸，使得建筑的环境融合性更加强烈。生土材料的获取便较为便捷，能够就地取材减少民居改造的成本，因此通常能在民宿设计中看到此种材料。生土材料和现代材料的视觉冲突性也十分强烈，能够营造创意十足的室内场景空间。

（二）在地文化的室内空间设计

民宿建筑室内的陈设物品也可以具有较高的在地文化特色，较为主流的做法就是运用当地常见的农业生产用具或手工艺产品作为装饰，也可运用当地居民习惯使用的建筑构件或家具。例如在沿海地区可以将老船木作为门框装饰进行陈设摆放，渔网、船桨等老旧物件布置成一处室内景观，颇具当地海洋文明的色彩。

室内标识系统同样也是乡村民宿设计中需要注意的一点，是游客现代化审美的结果。标识系统实际上是较为微观的存在，但是统一的标识系统能够呈现出民宿完整的设计思想和主题性，有利于民宿品牌的建立以及连锁形式的开发，包括民宿的标志、交通指示、门牌、房间牌、房卡样式、屋内一系列民宿提供的生活用品样式等。这些要素是提升民宿整体氛围和服务水准的有效方式，完整的表示系统可以从生活细节上给予游客品质化的住宿体验。例如苏州东林渡民宿，该民宿以当地代表性植物的枝干作为灵感来源，运用至民宿的品牌标识以及一系列室内细节处，带给游客充满细节品质的体验。

（三）乡村物理空间的设计运用

所谓乡村物理空间则是相对于情感空间而言的具有自然环境特征的区域，乡村民宿在这一场景氛围内本就具有距离优势，在设计时不应割裂民宿空间和乡村环境，甚至可以穿插借鉴，更加强化民宿室内空间的生态体验感，具体有以下3个方面表达。

1.独特视角的设计

部分民宿设计者仅对民宿本身外观和室内进行雕琢，最多再进行院落环境的思考，较少关注如何利用临时性建筑借景打造独特观景视角和体验区域。例如可以有意识地在民宿靠近水系的一侧打造沿河栈道，游客可以从民宿内直接步入栈道之上，或是在此处品茶交流、观赏水系风景。此种人为创造独特视角的方式十分值得借鉴和研究。

2.结合地貌特征打造独特体验空间

相比于城市环境，乡村中起伏的地势地形特征更加明显，尤其是位于山地地形中的乡村。乡村民宿设计师可以利用这些天然形成的高度差或是地形边界改造民宿建筑或是加建观景区域。以杭州菩提谷民宿为例，该民宿位于山地地形中，山体与建筑之间有较多的连接处，设计师利用这些已有山体，将其中一部分处理后融入民宿的公共区域，建筑如同是从山体中生长出来的一般。此外还有一些设计师利用山体打造台阶、浴缸，使得民宿的生态性更加强烈。

3.植被的多元运用

乡村中的自然资源优势还在于植被的多样性，这些植被以及当地的农作物可以作为室内某一区域的种植物达到装饰性与功能性并存的目的。例如以色列农场餐厅，餐厅本身不仅作为餐饮服务空间，在此能够吃到的蔬菜均种植于空间内部，游客能够看见围绕着餐饮区域设置的植被种植区，他们可以自行采摘这些蔬菜进行现场加工，也可以购买带走，这种体验和互动感较强的策略十分适合乡村民宿。

随着人们旅游需求的不断提出，民宿作为个性化服务打造的佼佼者，在设计和规划上应不断扩大边界，勇于尝试，成为旅居行业创意性的代表。

四、乡村民宿的生态系统营造

生态系统最早源于生物学和环境学的研究领域，该领域研究的实际上是一定范围内生物和自然环境的关系，这种关系因生物生命力的持续性而呈现出动态发展的过程。如今将民宿视为该场景的"生物"，它周边的生态系统即是人居环境与自然环境之间的动态关系。不仅民宿行业如此，其他行业也有了类似的研究对象更替，例如研究消费者与消费市场的生态，互联网生态等，均是当下较为热门的话题。

生态系统通常是一个良性循环的生态闭环，"生物"（可为非生物的研究对象）的生存模式与环境发展规律、环境原本状态三者处于一个极为稳定的状态，甚至可以互相借助相辅相成，达到共生的优质关系，这种状态多被用于其他产品及公司理念。

乡村民宿的生态理念闭环的三个要素分别是：游客、民宿与环境的关系、自然环境。这三者之间的直接关系看似并不明确，尤其是游客和自然环境之间的生态关系是以间接的形式呈现，但是在民宿与环境关系的参与过程中，民宿的种种服务属性与游客之间建立了千丝万缕的直接联系。这一生态系统关系是较为理想化的，它随时都会因其中某一方的改变而消失，例如游客及旅游市场的偏好转移，乡村旅游规模的扩大，外界资本的不断融入等。只有寻找到较为合适的闭环系统，才能让这些因素为生态关系起到积极作用，保证村落活态传承、地方旅游经济稳步提升。

要达到这一目的需要从两个方面着手改善。其一是村落区域环境文明程度的提升，其二是产业范围的有序扩大。村落环境文明程度一方面指的是村中的基础设施完善以及村民的意识形态提高，使其能够积极发挥主人翁意识加入保护村落、维护民宿的工作中来；另一方面指的是开发多样化的产业形式，以产业带动地方经济，使区域人口得以增加，为旅游业、民宿业的发展提供源源不断的青年人口支持。

　　源于游客部分的民宿生态性稳固发展的主要抓手即是旅游口碑的建立。当下娱乐媒体的形式丰富多样，且信息技术的成熟使社交媒体步入了短视频时代，各种网络社交软件成为当下年轻人分享生活的主流方式之一。与旅游相关的携程、爱彼迎、去哪儿网等均能作为民宿面向社会的展现途径，因此需要牢牢把好服务质量关，通过游客口碑来达到增加客流量的目的。

　　（一）实体生态系统营建

　　1.村落内部环境优化

　　村落内部环境优化是开展生态旅游的第一步，这一步依靠多方力量共同作用，主要由政府相关部门引导，村民主观参与，开发者积极投资，设计师匠心规划。提升也是由宏观的自然环境到微观的村落道路及景观设计统筹规划。

　　（1）自然环境及村落格局设计。自然环境优美是我国各个地方乡村的基本属性，乡村的聚落环境和当地的地形地貌、自然植被关系十分融洽，即使是简单的房屋构造形式以及加工粗糙的建筑材料，也能通过漫长的活动调整，使整个村落呈现出原始古朴且颇具人类智慧的整体美感，对这一布局美感的继承是极有必要的。第一步是对村落外部环境及村址特点进行分析，把握早期村落格局与地形走向的关系，不破坏原始地貌特征。村内建筑之间的道路可有意识地进行调整，新建建筑的体量须合理控制，不宜出现面积过大的建筑，建筑的外观所用的材质尽可能使用相同原始材料，现代材料须在加工后才能覆盖在结构上，以此种方式保持村落格局的原始性和自然协调感。

　　（2）村内道路的梳理。村内道路是游客步行游览观光的主要路线，按照常规逻辑应布置村庄外围道路和村内道路两大道路系统，其中村内道路按照建筑排列形式可分为"非字形""鱼骨形"等，外围道路供机动车行驶，同时还需根据村落情况设置景观绿道，以满足游客徒步或骑行的需求。

　　村落内部道路应尽可能做到人车分离，在村口设置停车场，也可提供自行车租赁服务，村内主干道及次干道的宽度至少须保证消防要求。根据村落面积的大小及格局划定主村路和次干道，路面可根据地形起伏做水泥硬化并铺设海绵砖，道路两侧种植灌木丛或村中生产的景观类植物。村路的布置应在充分考虑村民的习惯后进行。部分连接次干道的小路可不做水泥硬化，游客可以通过这些小路穿梭在村落之中，感受乡野乐趣，村民也能在这些小路中行走，避开主干道纷繁的游客群体。为了保证村内的民居生态，机动车不宜进入村内，因此应在村落的各个出入口设置停车场。

　　（3）村内景观打造。以上两点的完善仅能将村落打造成具备初步旅游接待能力的乡村，若想提高村落整体风貌，打造较为成熟的乡村旅游体系，则需要在村内打造景观节点和民居附属建筑。景观节点的选择需要以合理和美观为原则，可设置在有明显自然景观优势的位置，可以是池塘、花圃等人工围合的自然景观，也可以是人工堆砌的假山、凉亭等，既能够为村民提供休憩之地，还能提升乡村的整体氛围。此外村内部分空余位置可建设戏台、广场等，既可以为村民提供节庆时日娱乐玩耍的场地，也增添了村内的生活气息。

　　2.扩大民宿产业范围

　　通过增加民宿所连接的产业范围及多样性达到资源整合的目的，从而增加旅游经济收入。例如依托民宿中的场地开展地方特色餐饮服务，连接民宿经营者的菜地开展特色采摘活动，利用民宿沿街门面进行农产品、山货及手工艺品售卖，依托民宿住宿的口碑展开旅游接送的服务。

　　以上扩大的产业范围一方面能够增强经营者的收入，另一方面还能提高民宿的综合竞争力，此外对地方就业岗位增加也有较为积极的作用。

　　（二）虚体生态系统营建

　　当下的旅游业发展在较高程度上受到了网络口碑的影响，如今游客能够在诸多手机软件上看见别人分享的图片及视频，在较为详细地了解及互动后才会决定是否前往体验。与传统的宣传模式不同，游客能够通过别人的评价得出自己的结论，这就需要乡村民宿营业者走出"被动接待"的局面，向着"主动宣传"迈进，同时需要民宿通过良好的服务质量获得游客的认可，同时乐于分享并在互联网上广泛传播，以此建立起良好的口碑品牌。

当下较为主流的做法是通过乡村民宿与各个住宿预订平台或旅游软件平台合作，上传民宿照片和一定的宣传内容，以价格优势获得前期较少数的游客前往。随后在第一批游客前来时，通过交流、互动、特色服务等方式留下较好印象，设法通过游客的社交媒体平台分享本次住宿经历。同时民宿经营者利用公众号、短视频、图片文字等方式记录每日经营的特色故事，以及山野乡村中的趣味活动，积累一定的网络关注度。随着游客口碑的建立，客流量也会逐渐增多。

利用互联网传播口碑的典型案例为我国台湾三义乡双潭村的卓也小屋民宿。该民宿以中国传统印染技术蓝染工艺为主题吸引了不少前期游客，有一定的口碑建立基础。而后在各个旅游体验相关的评价互动手机软件上开设专营账号，分享民宿运营的日常活动以及节假日庆典的特色服务等，感兴趣的游客可以在软件上了解民宿价格和房型，也可以通过软件平台预订房屋。久而久之，蓝染主题民宿的口碑就得以建立，前来旅游的游客以一种追随旅居潮流的分享心态再次分享住宿体验，进一步提升了该民宿的知名度。此外有关蓝染的工艺品也可通过网络售卖，扩大民宿传播途径，全面利用互联网打造特色民宿。

第三节　海南黎族乡村民宿的设计研究

一、海南黎族在地文化元素在乡村民宿设计中的应用现状

独特的自然环境资源和黎族文化成为海南乡村民宿设计的源泉。海南现阶段的大部分民宿虽都走民族文化路线，但是内容上却大同小异，设计形式较为单一，缺乏真正的海南本土地域特色及风格。海南黎族文化的建设和再现，不

仅依靠自然资源和硬件设施，还需要一个完整的文化脉络，让游客身临其境体验在地文化和民风民俗。且文化脉络要与自然资源有效地贯通才能发挥最大效益。目前包括三亚在内的海南的民宿设计尚有较大缺陷，忽视了对本民族文化的挖掘。想要改进海南乡村民宿建设这一不足，需要多方面的努力，而优化民宿设计是一个重要着力点。在打造优越的自然资源和周到的服务的同时，还要通过打造民宿的地域文化风貌，提升民宿的形象品质和营造独具魅力的文化氛围，以此吸引更多游客，进而稳定客源，提升海南乡村民宿的整体品牌形象。

（一）缺乏海南黎族在地性文化元素

挖掘和运用海南在地文化才能使海南乡村民宿设计焕发生机，才能让游客感受到自己深处的环境是海南，而不是江南或皖南。经过调研发现，海南民宿对本土元素，如最具地域特色的黎族元素开发相对缺乏。像黎家民栈、鹿鸣西黎民宿虽然都和黎族有关，但民宿的设计从建筑到室内空间都缺乏黎族在地性文化符号，即便有也只是将黎族元素停留在表面形式上，对黎族文化的内涵还需要更全面深度的开发，不能只关注表面形式上的表达（图4-5、图4-6）。

图4-5　乐东　鹿鸣西黎民宿（图片来源：微信公众号乐东微发布）

图4-6　陵水　黎家民栈（图片来源：作者自拍）

图4-7 琼中 什寒民宿
（图片来源：作者自拍）

（二）室内外设计相脱离

建筑外观与室内设计元素不协调、不统一。海南很多乡村民宿虽然已经意识到要结合海南在地文化来设计，但设计风格上却内外不协调。如琼中什寒民宿的建筑设计采用海南高脚船型屋的形式，但室内空间的设计却相对简单，没有海南黎族设计元素与其建筑相呼应，游客在室内空间里无法真正体会或是感受自己正深处海南黎族的乡村民宿中。成功的乡村民宿设计在室内外设计元素以及文化内涵上都应表现出高度的一致性和统一性（图4-7）。

（三）民宿室内设计元素及风格雷同

海南民宿室内设计元素及风格大同小异，无论是在海口还是三亚，在琼海还是万宁，民宿设计的样式都宛如孪生兄弟一般。目前海湾区域开发的民宿比较多，室内设计风格带有浓郁的海洋气息，民宿室内一般都选用椰子树、船、沙滩等日常地域元素，很少从文化渊源去探讨这些自然元素的文化内涵。现代民宿经营者越来越重视海南黎族乡村民宿的设计和开发，但从现有的黎族民宿看，外观设计也较雷同，多是以金子型船型屋形式为主，如昌江王下乡的浪悦黎奢民宿和三亚什进村民宿（图4-8、图4-9）。民宿的室内装饰多是黎锦图案印在织物上，没有从海南黎族的民俗、节日渊源等层次去挖掘和表现。这就造成海南的乡村民宿设计特别表面化，没有内涵，也会使游客没有想再次体验的欲望。

图4-8　昌江　浪悦黎奢民宿　　　　　图4-9　三亚　什进村民宿
（图片来源：作者自拍）　　　　　　　　（图片来源：作者自拍）

（四）忽视室内设计元素的细节表现

　　海南的民宿设计过于讲究形式、体块的表达，忽视细节处理和外观细部装饰的创新；元素提取较为粗糙、千篇一律；功能布置呆板，没有层次；对人体工程学、设计心理学相关学术研究不够。整体视觉混乱、独特性缺失、缺少艺术表现力等。如三亚什进村的凤凰树客栈设计，虽有一定的地域文化特色，但设计表现较为粗糙。其民宿大门的外立面瓷砖在民宿改造设计时并没有与整体设计风格相协调，细节考虑不够周到，与整体格格不入（图4-10）。

图4-10　三亚　凤凰树客栈（图片来源：作者自拍）

（五）海南本土元素的提取过于单一

　　海南属于热带滨海城市，海产品丰富，植物种类繁多，这些资源为海南室内设计提供了丰富的设计素材。大部分民宿设计中，尤其是海口三亚的民宿，除了贝壳、椰子树、渔船、槟榔树等常见种类外，很少能见到其他乡土元素，且设

图4-11 陵水大里 黎家民栈
（图片来源：作者自拍）

计表现手法单一。对本土元素的了解提取都仅限表面，对海南黎族图腾、海南劳作方式、民族信仰、民俗等设计缺乏元素提取。如陵水大里黎家民栈，无论是民栈外观设计，还是室内的空间布局，表达手法上都过于简单，并未体现出黎族特色。墙面的装饰画就是巨幅的椰子树、山水画，设计表达单一（图4-11）。

（六）文化氛围衔接突兀

民宿室内设计手法太过生硬，文化的衔接不自然，东借西凑。一个空间内物与物之间是可以顺畅呼吸的，文化氛围正是它们所需要的养分。海南乡村民宿室内设计要营造出自然、轻松、悠闲和愉悦等空间感受，而不是堆积某些刻意的景观去营造所谓的意境，应注入文化的氧气，让体验者在放松身心的同时体验地方文化，自由呼吸。如文昌的吾乡乡隐民宿，设计民宿时秉承诗人笔下田园乡居之意境，完整复刻琼北数百年民居风格（图4-12）。民宿在原有村落建筑的基础上进行改造设计，而院落内的自然景观打造上有些突兀，与琼北建筑民居的文化氛围衔接不够。

图4-12 文昌 吾乡·乡隐（图片来源：微信公众号文昌网）

二、海南黎族乡村民宿设计存在的问题分析

海南的民宿大多都分布在沿海地带以及旅游景点的周边，旅游热门市县有三亚、海口、琼海、五指山等，其中三亚的民宿相较于其他区域的发展规模较大，主要分布在大东海、海棠湾、亚龙湾等沿海的景区地段。虽然这样能够最大程度为游客提供住宿便利，同时以区位优势获取更多的客流量，实现经营者的利益最大化，但无形之中也使民宿的设计与服务管理等问题暴露得更为明显。

（一）风格的同质化

在国际旅游岛、乡村振兴、全域旅游、海南自贸港建设的大背景下，海南民宿未来有很好的发展态势，然而大规模、大批量建造的同时也带来民宿设计特色问题的出现，导致风格同质化严重。不少以黎族传统文化为设计灵感的民宿在一味地追求建造效率的同时，缺乏对黎族文化内涵的合理挖掘。海南旅游业的发展离不开旅居服务的支撑，在乡村旅游大力发展的今天，越来越多的原始村落被评为中国传统村落、历史文化名村名镇、美丽乡村等，这样的乡村显然不适合建设体量较大、风格现代的大型酒店，建筑体量较小、可以分散排布的民宿是其最佳选择。由于海南乡村民宿行业多以个人为单位或以村落为单位展开，其乡村民宿设计的建筑风格没有明确的统一标准，多是不同经营者根据自身对民宿的定位以及地域文化的理解进行不同的设计类型表现，因此海南乡村民宿的质量良莠不齐，抄袭借鉴的案例屡见不鲜，甚至同一个村落中的民宿建筑完全一样。这样一来，在某种程度上就失去了乡村民宿的在地性、独特性，无法更加准确地释放蕴藏在其内部的村落文化服务属性。现阶段黎族同胞的传统民居大多都已破落，少数保存完好的村落民居如初保村、白查村也都从原始的村落搬入新村，建筑形式也都由茅草屋改为砖瓦房，其外观样式大部分都已经同质化，少部分还能够看出沿袭传统文化的影子。从民宿建筑外观及庭院的景观设计角度来说，对传统村落的借鉴趋于同一化，均是对某个传统纹样

的重复运用（图4-13），或是仅仅在色彩搭配上原封不动地运用原始建筑材料的颜色，这种现象不止出现在一个村中的多间民宿建筑上，甚至相邻村落的民宿建筑都具有较高的相似性。室内设计也是如此，在墙面、顶面等空间界面的设计上普遍缺乏创意，仍使简单地在软装搭配上运用黎族传统文化元素，显然无法很好地诠释黎族传统文化古朴、原始、真切的人文色彩和充满民族智慧的文化底蕴。

图4-13　村落民居的黎族传统图案（图片来源：作者自拍）

（二）元素的形而上

　　除了建筑风格的同质化严重外，黎族传统文化元素在提炼和运用现象上也极为形而上（图4-14）。例如对大力神纹、鸟纹图案的泛滥使用，这种使用是将图案直接印刷在装饰物上，或是将二维的原始图形转变为三维立体形式直接悬挂或粘贴在建筑立面上，无论是形式美感还是内涵营造都没有一个良好的输出环境，整体墙面的单调加之简单的图形装饰，并不能传达美观的视觉感受。民宿的室内设计也极为单调，未能采用多元设计思维，缺乏对地域文化的有效传承。部分地区的黎族民宿尝试着对海南传统民居文化船型屋进行参考设计，仅在屋顶形式上采取了茅草铺设的方式，墙面的材料、承重结构的体现均未得到重视，可以看出这是开发商简单的思维模式形成的产物，与体现海南黎族在地文化内涵的标准还有一定的距离。

图4-14　室内软装的黎族传统图案（图片来源：作者自拍）

三、海南黎族在地文化在乡村民宿设计中的运用

（一）黎族在地文化的美学理念

黎族在地文化作为千年历史流变传承而来的产物，与现代社会的人居空间需求匹配度较差，无论是其存在形式还是呈现载体均难以准确服务现代生活，对于在地文化精准的挖掘和点对点的设计转译正是为了改善这一局面。然而，海南大部分城镇和乡村区域以此种思路展开的人居空间环境改造有着较大的无序性，其理论和实践完全脱节，黎族传统民居无法承受大刀阔斧的改造进程，因此十分有必要探讨有关黎族在地文化如何在乡村民宿空间设计中的运用原则，形成较为全面的参考意见，以此成为设计手法的参照和底线，更好地服务在地文化在乡村民宿空间中的传承。

1.尊重在地文化

近年来社会各界对黎族在地文化的认同与尊重程度逐渐升高，以黎锦纺织技艺为例，愿意继承且发扬这一传统手工艺的年轻人数量增多，目前很多手艺传承人的年龄普遍较小。黎锦产品也由最初黎族的小范围产品走向了世界范围的时装秀舞台，黎族船型屋营造技艺也在不同程度上得到保护和传承。然而不可忽略的是，黎族在地文化底蕴最为浓厚的区域是现存的黎族原始村落，社会上大范围的对于黎族在地文化的尊重并未很好的辐射至此，自然环境和人为因素的侵蚀仍在不断加剧黎族传统聚落的损毁。如东方市江边乡俄查村的聚落形式目前已经不复存在，村落的边界与自然融为一体，其中破损的船型屋散落着废弃的陶罐、手工器具，这显然与对在地文化所谓的"尊重"理念背道而驰。五指山初保村同样面临此种困境，作为海南省内"干栏式"民居建筑最多的原始村落，部分传统民居建筑遭到完全拆除。情况较好的是白查村，整村范围内民居建筑得到了保护，虽然延缓了传统民居建筑损毁的速度，但也因当地人的离去导致白查村失去了原有的活力。由此看来，对传统文化的尊重并非保护和传承的最佳动机，需要人们在主观上形成对原始、古老的技艺的认同感，带着主观能动性去思考传统文化的未来。

2.传承与创新相融合

传承与创新适用于黎族传统文化范围内的各个方面，传承是为了完整的保留其历史、演变过程、技艺和存在形式等的原真性，并非对某个细节单一性的重视和强调，显然目前部分黎族传统文化在传承工作中忽略了此种完整性原则。以当下黎族传统纹样为例，人们喜好关注如大力神纹、人形纹、蛙纹这些易于解读的形象，此类纹样因其传说的趣味性得以重视，这些纹样产生背后的黎族审美和生存智慧，均可作为传统文化创新的思路，并适用于当下社会人们对在地文化内涵深度挖掘的期待。此外，广泛运用黎族传统纹样的开发者或是产品研发者没有系统研究其形式产生的原因，同一纹样的普遍应用情况较为常见，这并不是真正意义上对黎族传统纹样的传承，而只是表面上的运用而已。因此设计者需要用传承和创新的眼光重新审视黎族传统纹样，如纹样的适用位置、纹样演变原型、纹样演变的比例关系等。传统与创新的相互借鉴与参考能够让原始图形更具现代美学标准，完成其传统文化在现代社会的合理运用。

3.中庸与多元相应

黎族传统文化起源于自然，其逐步演化及完善的进程也正是黎民们顺应社会发展的过程，其中蕴含的是黎族先民对自身适应自然环境、因地制宜的民族智慧。具体方式体现在对黎族传统文化保护和继承时，需尽可能重现其原始的技艺、形式、艺术特色，如黎锦的绤染技艺、黎族民居的营造技艺、黎族制陶泥条盘筑技艺等，所选用的材料也因尽可能接近原始自然材料的形式，在因物制宜的前提下因时制宜、因事制宜。需要规避的是急于求成的开发心理，正视文化传承的复杂性和多样性，避免过度"减法"所造成的文化内涵缺失以及形式上的文脉断层。黎族传统文化艺术特色的多元化继承则体现在设计思路上，以黎族传统民居建筑为例，相较于原始时期，当下社会可供选择的替代材质、新兴工艺更多，有效延长设计对象使用寿命同时还能实现环保节约。如利用仿木、仿古材质合理替换粗壮的承重用树木，避免了砍伐造成的森林面积缩减及过高的建造成本，而形式上并未完全脱离传统的梁柱结构，甚至可以高度还原设桁搁檩的工艺，以"中庸"的思维平衡技术和地域特色艺术之间的矛盾，达成其与自然环境和谐相处的目的。除此之外还有外观样式的多元、设计形式的多元、功能的多元、形式语言的多元等，均需要找到匹配度较高的设计方式，有针对性地分析各个传统文化的特色，达成现代社会"物我关系"的中正平和。

（二）黎族在地文化在乡村民宿设计中的运用

1.黎族民居建筑形式的运用

建筑外观是一个地方的标志符号。黎族传统民居建筑船型屋与海南乡村民宿设计有较大的关联度，能够横向继承的传统形式和文化较多，同时船型屋的形式语言、民居建筑材料艺术、船型屋内部空间格局均具有极高的文化提炼价值和美学价值。船型屋外观样式如同一艘倒扣的船体，这是由于其屋顶横梁上架设的圆拱形桁架结构，结构的弧形等距沿横梁排开，且与墙体立面的矩形能够形成较好的感官对比，丰富的线条形式构成其外观样式上的现代审美特质，兼具变化与秩序感。这一部分可用于民宿空间的入户半开敞区域，其功能性体现在等距排布的圆拱形桁架能够起到一定的遮阳作用，场所及文化精神则体现在半开敞区域的船型门廊设计呼应了黎族传统民居入口处的半户外空间，能够形成外部空间向私密空间的过渡带，增强其民居文化真实性。此外现代民宿建筑外观样式较为新颖，原始古朴的圆弧造型能够中和现代设计感带来的传统疏离感，是对传统的尊重。黎族谷仓建筑的形式语言也颇具地域特色，为了减少土壤的潮湿对储存谷物的影响，建筑底部架空，且承重柱均使用不规则的石头作为柱础，这种民居材料的天然性和形状的随意性能够在民宿设计中碰撞出新的装饰灵感。谷仓的形式语言可体现在墙体立面、窗框的装饰上，抑或是将比例进行适当缩放打造成置物架、储物柜等具有存放用品功能的家具，既延续其使用功能，又可以从细节装饰入手，完善整体设计氛围。如昌江黎族自治县王下乡洪水村民宿入口设计就很好地诠释了海南黎族民居建筑形式（图4-15），陵水黎族自治县的疍家故事民宿无论是建筑外观还是室内的空间形式都很好地再现了海南黎船形屋，是目前较为成功的民宿设计案例（图4-16）。

图4-15 洪水村民宿建筑外观（图片来源：作者自拍）

图4-16 陵水 疍家故事民宿（图片来源：作者自拍）

2.海南黎族本土材料的运用

提高海南黎族本土材料使用比例，强化黎族文化视觉感受。正如建筑领域的国际最高奖项普利兹克奖获得者王澍，也是中国唯一获此奖项的设计师，他设计的中国美术学院象山校区、宁波历史博物馆、中国馆、瓷屋等作品的震撼源于成功地运用了中国本土典型材料：瓦片、砖、瓷等。瓦房是中国传统民居建筑，体现一种素雅、厚朴、宁静之美，也是中国传统文化的载体。在当代建筑中，瓦片与不同材质重新组合，斑驳错落，亦可达到理想的效果。在海南黎族乡村民宿的设计中应强调本土材料的运用，适当比例使用本土材料在一定程度上具有积极作用：一是加强民宿设计在地文化元素的提取应用；二是民宿建设基金的投入会相对降低；三是顺应海南气候环境的要求。

海南黎族民居建筑材料方面主要有民居屋顶葵叶、黄泥墙体、屋顶细碎的树枝檩条、藤条固定物等。民居顶部铺设的葵叶是经过尺寸筛选后编织成捆的，层层叠压直至延伸出屋檐一定距离，视觉上统一且能够分辨出层与层之间的衔接处，这种层级性视觉效果丰富（图4-17），配合葵叶蓬松的状态使顶部造型厚重，这种材料和形式可用于室内环境中天花造型设计，如通过对天花板材料重复、堆叠、排列等方式进行设计。黎族传统建筑的墙体材料多为黄泥，用水稀释过后辅以草根或细小的树枝搅拌，后涂抹至墙体内

（a）无花结构

（b）葵叶编排

图4-17　船型屋顶结构与葵叶编排
（图片来源：作者自拍）

部结构上，干燥后形成韧性较强的墙面。这种墙体颜色呈黄褐色或是土黄色，饱和度较低且有原始古朴的肌理效果，可用于乡村民宿室内墙面的设计，通过改进涂料大面积铺刷，能够提升民宿室内设计整体的传统氛围。如昌江黎族自治县王下乡浪悦黎奢民宿的墙面就是采用这种形式（图4-18）。细碎树枝以及藤条固定物可用于部分墙面装饰拼贴造型，辅助民宿室内空间古朴的黎族传统文化氛围塑造。

图4-18　浪悦黎奢民宿室内墙面（图片来源：作者自拍）

3.海南黎锦元素的运用

乡土的东西经得住时间的考验，很容易被接纳和引起人们的共鸣。民族的就是世界的，民族文化元素也是人类文化历史发展中的重要文化产物。黎锦所蕴含的黎族艺术特色浓厚，分别体现在其丰富的配色和多变的图案造型两个方面。黎锦在黎族先民的生活中有着不可替代的作用，最常作为日常服饰出现。黎族织锦因其秀丽的颜色和细致的纺织工艺，自古以来都作为地方上供朝廷的礼品，经过千百年来的传承和改良，不仅是黎族先民智慧的象征，更是海南地域美学的代表。在现代社会，传统的黎锦服装已不再作为日常穿着出现，海南部分黎族村落的居民会在传统节日如三月三、军坡节、牛节等时日穿着黎锦。自2009年海南黎族传统纺染织绣技艺入选联合国非物质文化遗产以来，国家和地方均对黎族织锦技艺展开重点传承工作。现如今黎锦在世界范围内的知名度正在提升，其相关产品也已得到了一定社会认可。可以将这种手工艺纺织产品运用到民宿室内空间设计中，利用其形状的可编辑性、图案形式演变的多样性来达到设计装饰效果，以拓展黎锦的产品市场，探究黎锦的现实使用价值，同时还能在一定程度上营造海南乡村民宿室内空间的传统文化氛围。黎锦在民宿室内空间中既可用于软织物的外表设计，也可以用于空间软装陈设的设计，还可以运用在室内空间的界面表现上。

　　从色彩的角度出发，黎族织锦自诞生以来就已经具备丰富的色彩，被称为"五色布"。黎族先民用植物或矿物染料浸泡棉或麻以获得五颜六色的纺织线，再通过传统纺织器具"腰织机"完成黎锦的纺织工作。传统的黎锦配色多以颜色的明度差异来达到色彩区分的目的，通常将黑色作为服装的底色，将青、红、黄等几种颜色的线穿插其中，丰富的色彩形成极具视觉张力的效果。随着现代染色技术的提升，成品丝线的颜色更加丰富，这使原本就色彩缤纷的黎锦更加鲜艳。在海南乡村民宿室内空间设计中，还可以将黎锦纺织物的功能进行延伸，不再仅仅局限于服装产品，还可以将其运用到沙发布艺遮罩、靠枕枕套、桌旗以及各种陈设物品的点缀设计上，让人们从视觉和触觉两方面达到优化（图4-19）。起居室作为乡村民宿内的公共空间，可以大面积地运用黎族色彩平衡空间的单调性，达到使人心情愉悦的目的。此类民宿室内空间黎锦颜色的运用也不应饱和度过高，鲜艳颜色的碎片化会使空间内没有视觉中心，产生炫目的焦虑感，用带有部分颜色倾向的灰调色彩来加工此类黎锦产品，既淡化了配饰喧宾夺主的色彩，又能综合体现黎锦的现代使用功能。

图4-19　浪悦黎奢民宿
（图片来源：作者自拍）

从图案形式的角度出发，就需要考虑黎锦图案的演变规则和内涵寓意。黎锦图案的形式特征在于其多以直线转折构成，且在一定程度上能够将图形抽象为无数矩形的集合，这就为图形的演变奠定了形式法则基础。通过对矩形位置的改变、重复、拉抻来形成新的图案，这种创新理念能够填补黎族传统纹样的缺失，或以现代思维创作图案，有的放矢地开展设计与运用工作。内涵寓意层面，黎族传统纹样源于生活场景和自然环境，山水花草代表黎族先民对自然的尊重，蛇虫鸟兽也因其不同的习性被黎族先民供为崇拜图腾，描写黎族生活场景的古代文献有清代的《黎人风俗图》，其针对居所、纳聘、宴会、结婚、耕地等十八个生活场景进行绘制，因黎锦有限的表现手法，这些场景均在不同程度简化后以纹样的形式出现在幅面上，有着较强的装饰性和更加丰富的内容。此类生活场景图可用于面积较大的黎锦产品，如民宿室内墙面装饰或装饰画，也可根据其不同的场景内容作为不同室内空间的门帘，如居所（卧室）、宴会饮食（客厅）、渔猎或耕种（厨房）、采香或运木（阳台）、渡水（卫生间）。这种方式能够以更加直观的图案语言来表现室内空间的使用功能，相较于装饰设计而言，更能表现逻辑和思维层面上的文化继承（图4-20）。

图4-20 浪悦黎奢民宿的黎锦元素运用（图片来源：作者自拍）

4.海南黎族图案纹样的运用

黎族传统纹样中属大力神纹、甘工鸟纹、鹿回头纹最具有标识性，且人们对于这三类纹样的认知度较高，可将这三种纹样放置在民宿的主入口，或用于主要分区的标识入口处，通过立体造型或是浮雕等方式与各种材料相结合，避免以过于突兀的形式出现。此外，民间传说的故事性是室内陈设设计的题材来源。以鹿回头为例，可以将坡鹿回头的形象赋予一定功能性，设计为置物架或是雕塑工艺品，老人给坡鹿喂食的场景作为墙面设计以墙纸或壁画的形式出现，跨越的九十九座山峰和河流均能作为背景墙的灵感来源，采用肌理、纹理等形式增添墙面的视觉效果，这种带有一定故事性的设计思路能够让民宿更具地方服务特色，将住宅文化中融入民间故事，形成独树一帜的黎族室内装饰设计风格。海南省内的黎族旅游景区多运用黎族图案的形式来进行设计。如海南槟榔谷风景区、五指山市旅游服务中心大门，其建筑造型、装饰都引用本地区黎族的民族元素（图4-21），建筑造型提取了黎族文化里大力神的形象，室内装饰部分多采用了黎锦符号，就连小的导视系统也会提取黎族文化元素。黎族文化与乡土元素的使用，对优化海南民宿设计有着积极意义。

现代民宿中尚未发现将黎族文身图案作为民宿设计元素出现，这与黎族文身习俗自中华人民共和国成立以来逐渐被取缔分不开，而且文身图案一旦脱离了人立体的五官和肢体，在民宿设计中寻求载体的难度较大，墙体立面的二维形象并不利于黎族文身图案的展示和表达。黎族文身图案并不能因习俗的不再保留而完全消失，基于民宿室内设计的关键要素考虑，需要挖掘文身图案的合理功能性表达载体，室内环境中部分陈设工艺品具有良好的表达形式，如可以

（a）槟榔谷风景区大门　　　　　　　　（b）五指山市旅游服务中心

图4-21　槟榔谷风景区大门、五指山市旅游服务中心大门（图片来源：作者自拍）

通过釉下彩的模式将黎族文身图案绘制在陶制器具上，或设计黎族传统文身文化的茶具、储物罐等陈设或摆件。另外，通过将黎族文身图案本就抽象的几何形体稍加改动，可用于地面瓷砖的造型，充分发挥文身图案对称的特点，形成视觉稳定、文化内涵全面的室内空间。这样会使民宿空间的设计在黎族在地性文化上得到进一步的提升。

5. 黎族传统手工艺的运用

黎族先民在漫长的自然环境探索过程中，逐渐掌握了对植物资源和自然资源的有效利用，经过一代代不断的改良与发展，已经形成了黎族自身的传统手工艺文化。作为黎族传统文化中不可或缺的重要组成部分，黎族传统手工艺分别体现在对竹本植物和藤本植物的编织技艺、泥土的烧制技艺、动物皮的运用四个方面。其特色体现在所有的手工艺品的原材料均来源于自然环境，因相对落后的生产力和偏远的山村位置，黎族先民更多的是通过父辈对天然材料的掌握来继承流传至今的传统手工艺，使用的材料也具有取材方便、自然储存量巨大等优势。其手工艺品主要分储藏用具、生产用具、家具。根据不同器具的体量和实际作用再分为藤编、竹编、烧陶、制皮等。时至今日，黎族传统手工艺品的使用功能虽然存在，但已不具备市场竞争优势，现代科技引领下的生产器具和家用产品有着生产率高、使用寿命长等特点，因此即使在黎族村镇中，传统手工艺品也不再作为市场中的主要产品。但不可忽略的是，黎族传统手工艺品有着丝毫不逊色于现代产品的审美特性，自然材料能够触发人们内心对于环境的天然亲和性，藤条和竹条编织的秩序性呈现丰富的视觉效果，彰显出不同于现代材料和机器生产的匠意美（图4-22）。黎族传统烧陶技艺也同样具有独特的地域特色，其他各省份传统陶器的器型多是通过拉坯来形成，而黎族制陶是采用泥条盘筑的方式，造型迥异别具一格，形式新颖。黎族制陶的盘条方式同样具有独特的地方文化。

黎族传统手工艺品的市场竞争优势在于其形式特征和独特审美，手工艺品的精致和细腻均有体现，黎族民宿设计中可以将此优势得以发挥，转化为空间

图4-22　黎族藤条和竹条编织（图片来源：作者自拍）

美感的集合体。在家具设计方面，可将藤条和竹材元素小范围融入，如部分家具的装饰面采用竹、藤编织形式，或是直接将竹、藤编成小型家具如坐凳、置物篓等作为点缀分布在现代家具周边，以实际使用功能来弥补现代家具所欠缺的材料美感。黎族陶器和泥条盘筑的传统技艺可多用于陈设工艺品中，与藤编装饰物一样从细节处提升空间的审美品位和环境格调。

（三）黎族在地文化在乡村民宿设计中的创新性原则

1.通过环境构建民宿空间形态

通过对黎族在地文化和黎族民居的解构和重构的设计手法来打造黎族乡村民宿的空间形态。在地文化是一种独特的地方文化和自然特征，在历史悠久的河流中逐渐形成。应在提炼在地文化的基础上修复保留原有的平面布局规制，利用解构和重构的设计手法构建新的民宿风貌，丰富民宿空间的内涵。民居建筑外观上尽量采用当地材料，既在施工工艺上尽可能精致，又要挖掘原有的民居建筑风貌，从不同方面诠释黎族乡村民宿。

（1）在空间形式的切分上体现解构和重构民居建筑空间可形成不同的空间组织形式，其方法主要有空间构成的形态转变和空间限定方式，并通过线和体块将空间有机划分、限定。而线作为视觉导向型设计元素，之所以能够引导人们的视线轨迹，是由于粗细、颜色和形状不同，使空间更加灵活多变，产生视觉观赏性，运用到空间中，既可以作为空间的分割线，又可作为连接各空间的延展线。然而，在解构和重构时，并不是仅仅运用线的形状，常常需要打破传统的思想桎梏，将线升华成一种民居建筑语言，进行打散、重构，把解构之后的形态运用到整个民宿设计空间中，丰富其空间形态与视觉效果；然后将体块解构后运用到这个空间中，分解形成块面元素，与其融合。最后通过解构思维，扭曲、重组这些块面元素，作为一种新的设计元素和语言融入空间，以达到空间形态的丰富性和连贯性。例如四川省甘孜藏族自治州泸定县蒲麦地村的牛背山志愿者之家，就是将民居建筑空间的形态转变和空间限定方式进行的解构和重构的典型案例，既体现了民族的在地性，又是一种创新的表现形式（图4-23）。成都竹里的民宿也打破了传统民宿营建的思想桎梏，将空间的形式打散、重构后形成新的民宿空间表现形式，且与在地文化材料有机地融合在一起（图4-24）。

（2）在色彩综合运用上体现。色彩是一个非常重要的内容，它与民宿的设计密不可分，也与材料的质感密切相关。难以想象，人生活在黑白的世界里会多么的无趣。但是，民宿设计中的颜色也并非直白的单一色彩，而是由各种不同的材料符号体现出来。比如那些色彩斑斓的大理石，不同质感的木材，温暖的织物和晶莹的玻璃等。在设计民宿不同空间的过程中，颜色的增添给空间带来无限生动乐趣。在不同的民

图4-23　四川省甘孜州麦地村　牛背山志愿者之家民宿
（图片来源：筑龙学社）

图4-24　成都　竹里民宿墙面（图片来源：作者自拍）

族、区域和地理环境下，对住宿的需求也会不同。海南黎族有5种方言，那么在黎族的乡村民宿设计时就有5种方言区域，每个方言区崇尚的信仰、服饰的习惯不一样，就意味着他们拥有不同的生活理念和人文风情。因此，在设计色彩时，既要掌握变化规律，又要了解不同民族和不同地理环境的特殊习惯和宗教信仰。颜色的把控需要呈现出不同空间的功能需求，合理的色彩使用可以给人一种归属感和认同感。需要控制和掌握整体颜色控制，在整体环境色彩协调的前提下充分考虑适当的点缀，使用丰富的色彩赋予室内活力，以发挥"画龙点睛"的作用。

2.置入"符号学"表达民宿的在地性

设计以符号的形式表达乡村民宿是最为直接的。这种方法通常是以最简洁的形式语言提炼这一地域的特色，然后直接以符号的形式出现。分解出来的这个符号的直接应用使整体的风格脱颖而出，其符号的文化意义也非常清晰。符号可以被理解为具有特定含义的图形或对象，并且内部空间通常具有起点和符号效果。并非所有设计中符号都是明显存在的，有些设计以更微妙的方式传达信息，隐藏符号本身，表达出它的内涵。如海南省陵水黎族自治县英州镇清水湾的疍家故事民宿（图4-25）。整个民宿符号就是船的演绎，是由一个个单体木船为主体构成的，有弧顶和尖顶两种，造型十分别致，既体现了海南黎族船型屋的特色，又有着浓浓的疍家文化风情，是伫立在海岸线上的一道独特靓丽的风景线。

图4-25　陵水　疍家故事民宿（图片来源：作者自拍）

3.材料在民宿设计中的创新表现

现今的民宿设计氛围打造和材质具有密不可分的联系。材料的本身具有多样性，可从它本身成分和周边环境相结合体现的视觉效果来打造不同主题氛围的特色民宿。通过不同材料的选择整合，运用在设计民宿中，营造出富有地域性特色的民居环境。环境设计中的材料，拆分再结合再转换再运用，每一种材料都不是单向表现，而是在整个空间设计中无意识地根据设计者的有机组合。就像单独的竹子，作为一个景观小品的组成部分和拓印在水泥墙上形成的机理材质的意义又不同。每一种材料除了具有地域性特征以外，还具有历史沿革性。材料装饰在民宿设计中起着至关重要的作用，设计者应该在保留原有的材质内涵基础上迎合周边环境，提取不同材料元素，打造出带有地域性特色的创新型民宿。具有海南特性的材料有火山岩、葵叶、竹藤、黄泥墙体等，本着因地制宜就地取材的原则，用最实惠的材料做最具特色的主题设计，在追求天然的材料过程中体现民居的质朴之美，从而最大限度地达到海南地域色彩和生活的融合。如成都道明镇的竹里民宿，道明镇以竹闻名，竹里民宿的墙面就是运用当地的典型材料拓印在水泥墙面上而形成的本土材料的创新性再现（图4-26）。

图4-26　成都　竹里民宿墙面（图片来源：作者自拍）

四、海南黎族在地文化在乡村民宿设计中的应用价值

（一）拓展海南黎族乡村旅游价值

党的十九大提出实施"乡村振兴"战略，明确要结合当地的旅游资源因地制宜地发展乡村旅游，实现乡村振兴。乡村民宿作为乡村旅游居住的重要资源，不仅可以帮助乡村留住客源实现旅游目的，还能通过生活起居的体验感来彰显当地文化的独特面貌。海南黎族世世代代繁衍生息在海南岛上，是岛上的世居民族。受气候地理条件与社会经济水平等因素影响，在漫长的民族历史发展过程中，黎族先民不断优化生存环境，最终创造出极具特色的民居建筑及村落环境。风格独特的黎族村落是发展乡村旅游的好地方，同时也是乡村旅游民宿产业开发的优质土壤。发展旅游离不开文化元素，旅游业的重头戏就是文化旅游。

在海南国际自贸港的国家战略部署下，海南省大力推动国际旅游岛、国际设计岛的全面建设。目前海南旅游酒店大多是星级酒店，缺乏本土文化特色，而黎族乡村旅游因其极高的辨识度成为推广海南在地文化的最佳范式。所以，立足于海南黎族传统村落、民居建筑、民俗文化的传承保护和借鉴，汲取地域文化元素、空间布局形式、建筑构造原理和综合环境发展规律等，对海南建设带有鲜明地域特色的乡村民宿具有重要的价值。

旅游业的发展并非某一个环节或某一个个体的功劳，而是环境综合水平的提升，民宿既作为民族文化视觉形象的载体呈现，同时也为游客解决"住"这一关键问题。民宿的设计可以说是直接影响到游客的旅游观光质量，进而对经济、贸易产生影响。针对海南黎族传统文化进行民宿设计，能够为海南旅游业的人文观光方面提供积极作用，助力完善除阳光沙滩自然景观旅游外的能体现海南民族在地文化的人文景观旅游。

（二）延续黎族历史文脉价值

海南黎族在地文化在历史的发展和变化过程中既继承了原始文化的精髓，又受到了汉族文化的影响，其文化特征形成了现今具有一定系统性的体系。黎族在地文化所表现出的在地性不仅体现在其文化与我国内陆地区其他少数民族的区别，也体现在其内部的各种差别。如黎族内部有五大支系，每个支系的语言、服饰、文身等也各不相同，而这种不同并非体现在其文化来源上，更多的是在文化形式、文化内容统一的前提下，形成了表现形式的差异。正是这丰富多彩的特异性营造了黎族在地文化强大的生命力，能够与外来文化相互促进、相互发展，并且在其内部能具有较高的同一性，这也是黎族文化的包容性。此外还因为黎族先民长期居住在深山里，远离城镇，外来文化并不会从根基上影响黎族在地文化，所以黎族聚落以其相对的封闭性展现出黎族文化强大的生命力。黎族在地文化在与汉族融合的过程中并非一直处于被动状态，黎族先民有效地学习了汉族优秀的手工艺与建筑营造技艺——如"金"字形屋，并在一定程度上与船型屋相融合，又形成了属于本民族新的民居形式，体现出了黎族传统文化灵活的动态性。

其文化开放却不粗放的交流态度使黎族传统文化得以源远流长，并充分体现出黎族先民较高的生存智慧和学习能力。这种对传统文化的继承精神在今天看来具有极高的传承价值，在国内乃至世界范围内都能够获得较高的认可度。这也正是民宿建筑发挥其作用的人文根基。

乡村民宿因其独特的村落环境和服务方式，使其空间居住者有两种群体，一种是本地的居民，另一种是外地的游客。对本地居民而言，历史文脉的继承和创新发展能够在一定程度上改善他们的居住环境和生活条件，并强化其对本民族的文化自信，也会促使更多的年轻劳动力回来发展，进一步为提高本地区的综合发展提供助力。对外来的游客而言，能够满足国内游客对不同人文体验的旅游需求，将原始且封闭的地域文化通过不可或缺的旅居需求进行展示，对民居环境的在地性营造更易于获得大众的认可。国外游客也能够通过海南黎族的乡村旅游来感受黎族在地文化在乡村民宿设计中的创新运用以及我国的民族文化自信，并能感受到中国少数民族的生存智慧，进而内化成对海南黎族历史文脉现实价值的解读。因此"民宿"作为一个现代的住宅形式，它肩负着对话传统与现代的重任，二者的有机结合才能创造出与众不同的设计作品。海南黎族历史文脉的价值具有双向性，不仅黎族民宿能够扮演传递者的形象，民宿与黎族传统文化的融合更能反哺民宿建筑形式。在"互联网+"的新时代，吸引更多的国内外游客来海南黎族乡村观光体验，既能逐步改善黎族村民原始农耕的生活模式，也能以旅游业带动海南少数民族的经济发展，甚至对区域扶贫也有着积极的现实影响。

（三）塑造传统民居建筑艺术价值

乡村民宿建筑的地域特色氛围营造，是目前国内各个少数民族聚居建设民宿时所面临的主要问题。在乡村民宿设计中融入地域特色是对本土文化的体现和再利用，对于这种思路的探索及其设计手法的研究具有较强的现实意义和推广价值。

在非物质文化遗产保护专家的眼中，黎族船型屋是有生命、有精神力量的，是一种珍贵的建筑技艺，也是黎族发展史的见证。因此，黎族船型屋是"不可复制"的建筑经典，而船型屋营造技艺则是"不可复得"的文化精髓，它不仅具有物质价值更具有珍贵的精神层面价值。当下，我们应做的就是心怀敬意地去保护它，保护它所承载的黎族文化就是保护黎族人最后的精神家园。当然，对于非物质文化遗产而言，最好的保护就是传承，努力去传承这种珍贵的建造技艺和独特的黎族文化，并将它融入现代城市发展建设当中去，让非遗文化在新时代焕发出生机和活力。因此，将非物质文化遗产船型屋作为乡村旅游的载体，在其基础上进行科学有度地开发，使其成为乡村民宿设计的雏形可以推动海南旅游业的发展，获得更好的经济效益。旅游产业开发可以是多渠道多方面的，作为非物质文化遗产的船型屋，自身有着独特的文化特征，它更是旅游产业开发取之不尽的宝贵资源。

第四节　海南乡村民宿的发展研究

一、海南黎族乡村民宿发展的现状分析

（一）理论研究

中国知网上目前以海南乡村民宿为主题搜索后的研究论文共有23条，针对海南黎族乡村民宿研究的只有1条。主要都是从海南地域传统文化的人文关怀角度论述文化因素在民宿设计中的作用；从经营管理角度论述海南民宿发展的现状；在全域旅游背景下论述海南民宿的发展前景；从市场运营的角度谈民宿未来的发展等。具体到海南黎族民宿的设计与开发，主要都是从较为单一的角度论述，如从黎族装饰元素、黎族文化、黎族的自然景观等其中某一个方面论述黎族民宿中的设计，且还都是局限在室内空间中的设计。总的来说，目前的相关研究均提出了地域文化资源加持下民宿室内的设计理论，多聚焦在黎族传统文化，还

应从情景营造、乡村旅游、自由贸易港发展等多元化的视角去分析论述。

（二）应用研究

海南民宿发展的速度和城市发展的速度是成正比的。按照现阶段海南的经济发展和旅游业的掘进，海南的民宿将会呈线状分布在海南的每一个市县，且东、南两个方位的海岸线旅游资源集散性较好，其民宿数量也较多。西部地区的旅游资源还有待开发。根据有关数据统计显示，海南三亚的民宿发展速度是最快的，同时数量也是最多的，三亚也是国内城市旅游入住率的前十名。在当下民宿发展的快车道上，海南的民宿设计规划情况有以下两种：一是已经得以建成并且投入经营的海南民宿。这些年来，由于海南独特的地理优势出现了不少的民宿以及酒店。总体来说，规模及面积均较大，但民宿设计和管理都普遍较为一般，没有形成有代表性的案例。海南还有一些已经投入使用的地方特色主题民宿，如少数民族文化主题民宿、热带风情主题民宿、南国文化主题民宿等。二是正在筹建当中的民宿。在海南也有多数正在筹建当中的民宿，借助自身的地理及环境优势来达到通过建立民宿有效引流的目的。如三亚的海棠湾十分受到民宿开发者的关注，这里的国家海岸资源能够为其引来大量的游客，而且湾内已经有小部分地区得到了开发。海南依旧有不少的地区正等待着开发，如陵水椰子岛等优秀的资源。

二、提升海南发展黎族乡村民宿的意识

（一）海南黎族乡村民宿发展意识的改造

1.品牌化塑造

在"民族"的定义中，文化是最为基础和根本的内涵元素。繁衍生息在海南岛数千年的黎族人民创造了不可替代的黎族文化。汉族在吸收各民族文化精华的同时也展现出了强大的同化能力，许多民族被汉族同化，丧失了独特的自身文化，也就此消失在了历史长河中。黎族作为五十六个民族大家庭中的一员能存续至今，自有其无可替代的民族文化优势。黎族没有文字，其民族特征能

一直延续至今也正说明了其地域文化特性的不可或缺性。在注重文化保护与市场运营的当下，民宿品牌化的建构将更能使海南乡村民宿的地域特性得以宣传和传播，以提升乡村民宿的吸引力与号召力，从而推进民宿优化进程，形成游客与商家的良性循环，促进海南乡村旅游业的发展。

2.智能化建设

人类社会已经进入第四次工业革命，而我们正在享受第三次工业革命的成果，即信息化与智能化。几十年来，智能科技进入千家万户的同时也改变着人们的生活习惯，人们总是趋向更加便捷的生活方式。而在海南，虽已开始全面建设自由贸易港，但海南中南部的传统村落里仍然有传统民居遵循旧时的建制，居民利用国家级非物质文化遗产船型屋的营造技艺搭建民居建筑，但与现代化的房屋相比缺少了很多智能科技，这是乡村民居向乡村民宿转变的一个关键。民宿业是为游客服务的，在保留传统内核的基础上应融入现代科技，提升游客的入住的直观感受和商家的经营管理效率，是传统空间形式与现代科学技术的碰撞与交融。

3.生态化建设

改革开放多年，海南的城市建设虽然取得了巨大成就，但总体来说黎族聚居区仍可称得上是地广人稀，也因其没有重工业的污染，空气质量极好，这是海南相较于内陆无可比拟的优势。当下海南也在响应国家号召，大力发展乡村振兴，过程中要遵循乡村的发展规律，以保护自然生态为前提，建设人文气息，真正做到"看得见山，望得见水，记得住乡愁"，精准施策。乡村振兴是在保留住乡村肌理的前提下，走可持续发展之路。因此在民宿改造的过程中，应充分发挥海南自然环境这一优势，遵循因地制宜的理念，合理分配运用生态资源，达到建筑与环境的和谐，这才是乡村旅游乡村民宿发展的长久之道。

（二）海南黎族乡村民宿建筑形式的改造

民宿建筑外观是游客还未居住时就已经能捕捉到的特色所在。海南的民宿建筑装饰风格应与我国内陆地区拉开差异，根据气候环境条件和地域人文特征来打造装饰风格。海南传统居住建筑主要有4种形式：一是作为海南当地居民的黎族先民设计的船型屋，是典型的杆栏式建筑，上人下畜；二是受汉族文化影响较深的民居住宅，秦代以后，大陆不断有南迁至此的汉族人，逐渐占据了主导地位；三是受南洋文化影响较深的骑楼与民居宅院，近代海南人下南洋归来后受到东南亚建筑的启发，将南洋地域文化元素结合到本地建筑中，形成了一种中式融入异域的建筑风格；四是海南琼北火山口地区的传统民居建筑，多用唾手可得的火山石作为民居建材，那么这种材料也可在民宿装饰中加以运用。由此可见，海南在漫长的时光里衍生出了多种多样的建筑形式，这为民宿改造提供了丰富的蓝本，同时也提出了挑战，即如何把握改造的尺度，改造尺度过小，达不到改造的目的与要求，于事无益；改造尺度过大，会失去其文化内涵与特色，不符合海南乡村民宿的标准。因此改造需要分步，主要从建筑外观和建筑内部的不同层面展开。

1.建筑外部改造

（1）建筑外立面部分。建筑的外立面是建筑给人的第一眼的直观印象。民宿业属于商业行为，能否成功吸引游客，提高人们住宿意愿就显得尤为重要。海南传统民居的外立面造型多样，有繁有简。较为简单的是黎族传统民居外观，似倒扣的船状，这一地域特色是基于海南黎族在地文化内涵的集中体现。我们可以充分挖掘黎族传统民居的建筑外观造型设计语言，并将其注入黎族传统乡村民宿的建筑外观设计上。黎族传统民居有从古保存至今的干栏式船型屋、落地船型屋、金字屋、谷仓、牛栏等，在乡村民宿建筑设计当中应以此造型为设计基础，根据不同空间、功能、形态的需要进行重组再设计，使其在现代新型生活方式的转型中自我更新，有序发展。如琼中什寒村内的民宿中最具有黎族特色的就是高脚屋民宿，高脚屋民宿建造在坡地上，整体造型设计源于黎族的干栏式船型屋上层居住、下层架空的基本特征结构，离地而建就地取材，茅草堆叠覆盖屋顶，保证私密性的同时也打造了落地窗满足采光需求，使乡村的风景最大化映入室内，在融入本土文化的同时又契合现代的生活需求，达到建筑外观审美与功能的统一（图4-27）。装饰较为繁复的有骑楼和一些民居宅院，它们的共同特点是将中式造型纹样与欧洲、东南亚造型纹样结合起

图4-27 什寒村高脚民宿（图片来源：作者自拍）

来，创造出一种文化共融的和谐美感。如由这样的民居改造成民宿，随着其功能的改变，建筑的外立面应遵循删繁就简的原则，将冗余的建筑线条简化或减少，做到"简其形，传其意"。

色彩是一座建筑的性格底色，不同的颜色彰显出的精神感受是不同的，白色显得圣洁，黑色显得肃穆，木色富有生机，红色庄重引人注目。海南传统民居没有大面积鲜艳的颜色，在改造民宿的过程中或可尝试大胆打破故有配色，运用互补色和间色等配搭方式营造室内外空间，迎合顾客旅游放松的心情，凸显民宿建筑的休闲属性。

值得一提的是，民宿不应全盘照搬原始形制，需要有计划地进行创意设计，构建传统与现代沟通的桥梁，形成属于民宿建筑本身的意匠属性。

（2）建筑屋顶部分。海南黎族居住的船型屋状如倒覆的船只，屋顶呈三角形或倒角三角形，这样的屋顶便于搭建与排水，屋顶上覆盖可更换的茅草、稻草、泥土等，既遮阳又防潮，显示出黎族人民简朴而高超的建筑和生活智慧。时代虽在前进，但经典的设计思维却不会被遗忘。南非设计师波基·赫弗（Porky Hefer）以织巢鸟为灵感，用茅草与石材构筑了位于纳米比亚的民宿"The Nest"。茅草屋从顶到地融为一体，内部没有直角，就像鸟巢一样，简单的流线型，极具震撼力（图4-28）。其造型圆润饱满，建筑气质古拙可爱，成功展现出了当地特色。作为海南黎族民居建筑的制高点，在海南乡村民宿改造中，船型屋顶的样式同样可以保留并进一步提炼，使其成为乡村民宿建筑的亮

图4-28　纳米比亚的民宿"The Nest"的屋顶设计（图片来源：中国室内设计联盟）

点。骑楼屋顶引人注目的是各式各样的女儿墙，美观的同时保证了通风功能；海南当地的宅院则大都遵循古制的汉式瓦片顶。因此，根据海南现有民居的不同建筑风格，在对乡村民宿建筑形式的设计上可以加以取舍。

（3）室外景观部分。室外景观是民宿建筑的延续和补充，两者要风格统一，自然植物和景观雕塑、景观道路等要与乡村环境融为一体。建筑外围微地形景观利用传统造园手法，提炼地域特色符号塑造大地艺术景观。中国传统园林讲究"天人合一"的理念，在植物造景上，选择本土耐旱、耐涝植物群，自然生长的野趣往往给人带来舒畅和愉悦的心情。如昌江黎族自治县王下乡洪水村民宿的室外景观，就很好地与乡村环境融为一体（图4-29）。

图4-29　昌江王下乡民宿（图片来源：作者自拍）

2.建筑内部改造

（1）空间布局的改造。海南传统民居布局类型丰富，如某些船型屋只有一间屋子，并在屋内做了简单的布局划分，而汉居民宅大多是一明两暗布局，也有横屋式、多进式、独院式等布局。在民宿改造过程中，因建筑属性的改变势必要对以往的建筑布局做适当增减。首先要明确民宿的服务对象，一般为家庭、友人结伴或一人出游，这显然要根据现代人的生活习惯进行房间整合，比如面积足够的情况下要增加厨房、阳台等生活空间，还有私人影院、游戏室等娱乐空间，而传统民居中的祠堂、储藏室等则可以移除。

（2）门窗部分的改造。海南传统民居一般采用木制门窗。船型屋的门窗十分简单，考虑到防潮隔热，有的屋子甚至不设窗户，木门则由几条木板拼合而成，门框裸露在外，木色与土色一道，营造出原汁原味的黎族气息。骑楼与宅院的门窗制式则要规范许多，窗格诸多造型，门也有数种规格，大多是汉式建筑风格与南洋建筑风格。门窗是民宿中游客隐私的一道屏障，也是游客需要时常接触的建筑组件，对游客的心理有着潜移默化的影响。因此门窗形式上既应保留原有的古朴，也要适应现代的功能需要。

（3）内墙部分的改造。结构上讲内外墙是一体，但功能划分让两者产生了装饰上的区别。居于室内，面朝四壁，内墙是民宿室内空间的底色。黎族的土质墙体不足以支撑一层以上的建筑，但可以作为内墙的装饰渲染氛围，或是用现代材料模拟出木质质感，让久居城市的游客感受到自然生态的气息。

（4）软装与陈设。陈设是室内空间的点缀，精彩的陈设甚至会成为空间的焦点。但景观和陈设不是民宿的主体，所占比例不大，我们可以用多种手法来展现。如可以按照传统民居的营造方法装饰，也可以按照现代、后现代的理念进行布置，两者各有优势，前者更有古意，后者更契合时代需要。如纳米比亚的民宿"The Nest"，在让人们感受到大自然气息的同时，该有的陈设一应俱全（图4-30）。

图4-30　纳米比亚的民宿"The Nest"室内陈设（图片来源：中国室内设计联盟）

3.材料的再运用

因地制宜、就地取材是各地区各民族人民在漫长的生活实践中摸索出的经验，并沿用至今。不论从经济学的角度还是文化传承的角度，利用当地广泛分布的材料构筑居所都是最为明智的选择。黎族船型屋的屋顶及墙体使用的材料是具有可持续性的绿色资源，如茅草、木材、泥土等都取之于自然。在乡村民宿的改造中应当巧妙应用这种自然材料，将旧有的结构以及工艺融入新的材料与新的技术，如金属板、玻璃、陶瓦、青砖等。这些建筑材料具有优良的特性与美感，以现代的建造手法转译出传统黎族传统民居文化的特点。如纳米比亚的民宿"The Nest"就是把传统和现代材料相结合，创造出来标志性的仿生巢穴建筑（图4-31）。

图4-31　纳米比亚的民宿"The Nest"（图片来源：中国室内设计联盟）

三、提升海南黎族乡村民宿发展的核心吸引力与策略分析

（一）海南黎族乡村民宿核心吸引力分析

通常情况下，不同年龄不同文化不同地区的人对民宿的选择考虑因素也有所差异。那么不同的因素对游客选择民宿的影响力也是不同的，影响力较大的因素便是民宿业最该提升的关键点，因此从黎族乡村民宿的自然环境、民宿建筑特色、民宿室内设计、民宿的特色服务四个因素展开分析。每个因素在设置不同的选择项最后进行统计分析，从而确定海南黎族乡村民宿业的核心吸引力。

海南黎族乡村民宿自然环境设置了5个因素的选择——滨海区域、河流小溪附近、热带雨林地区、黎族乡村原始景色、独特的地域景观。其中滨海区域、黎族乡村原始景色、独特的地域景观这3个选项的选择率达到了半数以上，虽未达到游客的最高满意程度，但是对游客最基本的吸引力，属于高吸引力因子。其中的黎族乡村原始景色，无论是游客还是民宿的经营者都一致认为它是乡村自然环境中最为重要的。黎族乡村的自然景观会影响乡村民宿的发展，也会影响游客的选择，因此，民宿的周边环境是影响民宿开展重要的因素，热带植物和河流小溪附近属于低吸引力因子。

海南黎族乡村民宿建筑特色设置了3个因素的选择——民宿独具特色的建筑外观、室内的整体搭配和色调的调配、民宿室内的陈设设计。3个因素的选择频率相似度较高，均为50%~70%。这说明民宿建筑的外观和室内软装对游客都有相当重要的吸引力。民宿拥有良好的内外形象更能让旅游者感受到住宿环境的舒适。

海南黎族乡村民宿室内设计设置了4个因素的选择——民宿的室内装饰、室内家具、室内风格、内院舒适程度。经过调研统计显示，内院的舒适程度属于第一层次即最重要的吸引因素，室内风格属于第二层次即重要的吸引因素，室内装饰和室内家具属于一般吸引因素。此项调研说明游客更注重民宿的公共空间，希望海南的民宿在公共空间的设计上可以多为游客提供可以开展交流游

乐的活动环境。

海南黎族乡村民宿特色服务设置了4个因素的选择——当地特色餐饮、体验当地的风土人情、参与体验当地的民俗活动、人性化导视服务。其中，当地特色餐饮、体验当地的风土人情属于第一层次的最重要的吸引因素，参与体验当地的民俗活动体验属于第二层次即重要吸引因素，人性化导视服务属于一般吸引力因素。此项调研说明当地的特色美食和参与体验当地的生产文化活动是游客较大的需求，海南黎族乡村民宿的发展要多组织具有海南特色的相关活动来增加对游客的吸引力。

综上所述，在上述4大项16子项里属于第一层次最重要的吸引因素有：黎族乡村原始景色、内院舒适程度、当地的特色餐饮、体验海南当地的风土民俗4项内容；滨海区域、河流小溪附近、独特的地域景观、民宿独具特色的建筑外观、室内的整体搭配和色调的调配、民宿室内的陈设设计、参与体验当地的民俗活动7项内容属第二层次重要的吸引力因素；室内风格、室内家具和人性化导视服务3项属于第三层次一般吸引力因素，热带植物、河流小溪附近属于低吸引力因素。由此归纳，海南乡村民宿经营要依次注重以上内容，在乡村民宿打造的过程中突出特色的同时也要有一定的策略和发展手段。

（二）提升海南黎族乡村民宿核心吸引力的相关策略分析

可以6个方面来提升海南黎族乡村民宿的核心吸引力，即黎族乡村自然景色、黎族乡村民宿的院落设计、海南黎族当地特色餐饮、民宿主人的人文素养、传统活动及民俗体验、服务态度，6个核心吸引力对海南黎族乡村民宿的发展有着重要的借鉴意义。黎族乡村自然景色体现了游客对于乡村民宿周围环境的期待；民宿的内院舒适程度体现了游客在乡村旅游的休闲需要公共空间的良好氛围；当地的特色餐饮体现了游客对当地习俗的好奇；民宿主人的人文素养反映了乡村民宿的灵魂；传统活动及民俗体验反映了游客的参与；服务态度反映了游客比较注重与民宿老板的交流。这些核心点都关系着民宿是否能健康发展，以及民宿开展的成败，因此应该针对以上核心因素提出发展策略，以提升海南民宿的吸引力。

1.黎族乡村自然景色

乡村本身的自然景色是开展乡村民宿的前提条件也是乡村民宿的载体和根本。因海南独特的气候条件，这里长夏无冬，年平均气温22~27℃。所以游客憧憬的是海南乡村民宿周围环境绿意盎然、热带植物充沛、充满生机的生态环境，如果没有这样的自然景观便大大降低了乡村民宿的吸引力。对此提出三点策略：①黎族乡村民宿在建设之前一定要保证自然环境的原真性，而不要为了建设民宿破坏自然环境景观，并且不建设与周围环境不和谐的设施。营造原汁原味的自然景观，突出田园特色，突出乡村休闲、自在的环境氛围；②黎族乡村民宿在建造过程中一定要注重自然生态的平衡。一方面，在游客到访时，一定要有保护环境热爱自然的意识，不要因为开展民宿破坏了自然景观，这样就失去了吸引力，不利于长期发展。另一方面，村干部定期培训村民保护环境的意识，减少污染物的排放，热爱乡村自然环境；③响应政府号召，遵循党的十九大报告中提出的"乡村振兴"战略，推进海南美丽乡村的建设，美丽乡村的建设对于指导村落保护环境有一定的积极作用，也给村民经营民宿提供了一个优美的生态宜居自然环境。

2.黎族乡村民宿的院落设计

游客对民宿院落的设计质量也有着较高的期待，尤其是布局合理且有温馨舒适环境的院落。一般游客在乡村民宿中活动的范围多集中民宿周边的村落里或是在民宿院落内，如能把就餐区域也放置在院落里就更加吸引游客，民宿的院落既能够在茶余饭后休憩也能够在闲暇时舒展肢体，是除了私密环境外的另一大实用区域。因此乡村民宿设计中院落空间是必不可少的，在设计中除了注意庭院面积大小有所差异外，装修风格和质量也要各有不同，但可以明确的是，院落设计要有着与当地建筑风格和材料相匹配的形制，能够为游客提供所需求的户外休闲空间。对于大多数游客而言，民宿的院落能够满足他们对田园生活的向往。在这一基础上，乡村民宿的院落就需要较为考究的设计，可以从以下几个方面强化。

（1）植被种植。民宿的院落设计中不可或缺的就是绿植的装饰，与室内绿植不同的是，院落中所种植的植被一方面起到美观作用，另一方面还能作为院落的围合。绿植的种类可以是海南当地较多的植物，也可以是与民宿主题相关的植物。例如海口花梨之家民宿的院落中种植了与其主题紧密关联的海南花梨木，黎族传统民宿的院落中以竹木作为围合材料等。这些植被的数量和体量相较于室内空间更加丰富，是从自然生态入手夯实民宿甚至村落主题性的重要元素，能够成为村民和游客对该村生态形象的记忆符号，对乡村旅游业的开展颇有裨益。此外还可穿插种植色彩鲜艳的花卉和形态各异的根雕，强化游客在这一空间中的视觉体验感。

（2）娱乐休闲设施。当下，我国乡村旅游业中娱乐休闲设施均是以公共场地的设施形象出现。例如在村中空地处刨一个沙坑，其上设置运动器材或秋千、棋盘等设施。然而随着乡村民宿院落空间和公共空间的服务功能扩大，这些公共区域的设施也逐渐转向民宿院落之中，让游客不用走出民宿院落就能与亲人朋友一起休闲玩乐，在相对私密的院落中感受自然生态为生活带来的乐趣。娱乐休闲设施的设置是围绕着安全性和功能性进行的，尤其是针对低龄群体使用的器材要特别注意这一点。另外就是对器材外观美化的需求，可用乡土材料在其表面二次加工，融入整个村落的环境氛围。目前适合海南地区乡村设施中设置的设施除了常规的秋千和吊床外，还可以布置竹林茶台、雨林棋盘等。这些设施能够满足各个年龄段游客的需求，功能的变化性也较强。在设计时需要考虑院落的实际面积大小，各个器材之间应保留有舒适的距离，有序适量地进行增加。

（3）室外就餐区。海南的气候环境十分适合户外景观植物的种植以及水系植物的培育，这一优势为户外就餐区域的设置提供了观景基础。相较于室内封闭的环境，户外更加悠闲和舒适，一般选择居住乡村民宿的大多是以家庭为单位的游客或是小团体，户外的餐桌不宜过大。此外，因户外露天的环境具备优良的通风优势，可在餐桌上增设烧烤、电磁炉等器具，为游客提供更多的食材加工方式。

（4）小型牲畜养殖。乡村民宿较为独特的地方在于民宿经营者及其家人还会饲养部分牲畜或是耕种土地，以在旅游淡季时满足日常生活饮食需要。因此民宿经营者可以在院落的角落区域圈养小型牲畜，可供游客喂养，如具有海南本地特色的五脚猪。也出现有圈养猫、狗等宠物的民宿经营者，为民宿增添了许多生活气息，让庭院更加热闹的同时也给游客提供了趣味体验。

综上所述，海南黎族乡村地区的民宿设计不仅需要打造物理空间的原始性，还要通过贴近生活的方式使民宿更加接地气，由内而外地为游客提供家庭氛围的旅居体验。

3. 海南黎族特色餐饮

基于上文对民宿吸引力的分析，可以得知选择乡村旅游和乡村民宿的游客较为重视当地特色餐饮的体验，尤其是具有南国风情以及地域特色的美食品尝，这一点在旅游消费中占据了较大比重。值得一提的是，海南本土的饮食特色不同于内陆地区，因受到固有菜系的影响较少，仍保有较为原始的食材加工方式，烹饪方法多采用蒸、煮，尽可能多地保留了食材原本的味道，这也得益于海南丰富的海鲜资源。此外，海南地区的热带水果种类较多，出现了许多与水果共同制作的地方美食。如海南许多地方会用还未成熟的杧果加以佐料搅拌形成菜肴，用椰子水代替白水煮食材来增加食材的美味，还有普遍用金橘代替陈醋的情况出现。这些独特的味觉体验受到国内外游客的青睐，在乡村民宿住宿的同时享用当地特色美食还能增加村民的收入，延长游客居住的时间。除了诸多海鲜食材外，海南地区也形成了具有自身特色的菜系——琼菜。五指山地区的各种野菜、黎族特色鱼茶、竹筒饭等，共同组成了海南本土特有的餐饮文化。

围绕海南特有的饮食文化，其乡村民宿可以从以下几点来深入开展餐饮行业：①民宿经营者可以向村民学习本地特色食品加工方式。②民宿经营者若是当地村民，可通过地方餐饮行业考察和调研方式收集整理出私房菜谱，自己或家中其他成员担任厨师工作。③将当地野菜、特色菜作为亮点开发，可以通过同一种食材不同加工方式的办法进行新菜开发。④村镇政府部门统一监督管理卫生及菜品质量以及定价等问题。

4.民宿主人及村民的人文素养

民宿经营者是民宿最直接的日常服务，这一角色的性格和人文素养对民宿室内外空间场所精神的生成有着较为直接的影响。现在很多乡村民宿的经营者都是本科毕业后回到地方支撑家乡的发展大学生，无论是综合素质还是对传统文化的理解能力都较强，因此他们所经营的民宿通常在当地有着较高的口碑。

村民作为乡村旅游开展服务的主体人群，有着不可替代的作用，因此需要逐渐增强村民在乡村旅游活动中的参与度和积极性。对村民而言，乡村旅游开展的必要条件之一就是村内道路完善与环境整体提升，这对他们而言是喜闻乐见的事情，而由于部分开发商的无序开发，导致村民利益受损，或因后续资金不到位产生的"烂尾"现象频发，使村民对乡村旅游开发主观意愿不强。因此需要村政府以及开发商多方面共同努力，促使村民增强文化自信精神，引导村民理解地方产业的发展能为其带来的利益，并以此获得实际的就业岗位和生活质量上的提升。这样一来就能发挥村民主体的力量，无论是日常维护还是文化产业的挖掘都将受到较大的助力。因此，若想实现乡村民宿的可持续性发展，地方政府应关注民宿主和村民的人文素养的培养，可以通过以下几个方面进行。

（1）熟知地方文化。乡村民宿业的开展依托的是乡村旅游资源，其中人文资源占有较大的比重，因此需要提高民宿经营者对地方文化的了解程度。民宿经营者是整个住宿活动中最直接面对游客群体的角色，他们与游客之间的交流与互动较多，日常沟通的内容质量在一定程度上影响着游客的居住体验。如乡村民宿的经营者本身就是本地人，他们对黎族民间传说与历史文化从小就耳濡目染，在与游客进行交流时，能够准确且生动地表述出本地区本民族的传统文化，为游客带来最为真实的人文体验。如经营者是外地人，就需要当地政府有关部门引导民宿经营者对地方文化风土民俗加以熟悉，定期培训。还要加强村民的文化储备，使他们善于沟通。

（2）素质与文化涵养。素质和文化涵养决定着民宿经营者日常服务的质量和心态，进而影响他们在民宿经营活动中的态度。素质和文化涵养包括一个人的文化素养、道德品质、理解能力等。通过调研可以发现，选择乡村民宿旅居方式的游客普遍学历较高，他们对地方文化更加感兴趣，且更加善于沟通和学习，愿意在茶余饭后与村民一同聊天。提高民宿经营者和当地村民的素质与文化涵养的工作并非一日之功，需要长时间的引导学习，较为合理的一种方式是地方政府开展青年村民返乡创业的扶持工作，让外出学习和务工的且具备较好学习能力的年轻群体成为民宿经营者的主体，逐渐影响乡村民宿市场的整体风气。另外一种方式是支持村民外出调研和考察，学习其他地区较为成功的民宿经营方式，与其他民宿经营者交流沟通，甚至可以用游学的方式资助村民外出考察。

（3）兴趣爱好培养。在对民宿主题的研究中，发现国内有着以民宿经营者自身兴趣爱好为核心的民宿主题，同时也吸引来一批具有相同兴趣爱好的游客。值得一提的是，民宿经营者根据兴趣爱好制定的主题与乡村文化的诠释并不冲突，二者可以和谐融合在同一所民宿之中，例如运动、绘画、音乐等。田野调查时也发现了一名爱好足球的民宿经营者，他的民宿主题有着较多的足球元素，游客一方面能在此与之交流兴趣爱好，也可以了解地方文化，是民宿个性化服务的一种延伸性实践；另一方面还能在一定程度上增强游客的再宿意愿，增加回头客的数量。

（4）外向性格培养。民宿经营者除了需善于与人交流外，还需要具备外向的性格特征，其具体行为表现为热情好客。性格外向的民宿经营者通常会开展诸多不定期的民宿活动，让游客有意想不到的惊喜。例如，民宿经营者可以开展露天烧烤活动、家庭KTV活动等，丰富游客在住宿期间的娱乐方式。

5.乡村的传统活动及民俗体验

乡村的传统活动及民俗体验对于来海南乡村旅游的游客来说具有很高的体

验感和吸引力。海南乡村可以依托海南地域人文资源开展一些特色体验活动，比如农业生产活动、民宿所在村落的传统民俗节日等，具体实施情况如下。

（1）农耕生产体验。通过田野调查和走访得知，前来乡村旅游的居民多来自城镇且对田野风光有着较浓厚的兴趣，尤其是对传统农耕文化的观光活动以及农业种植的体验活动非常好奇。可以依托民宿经营者耕种的农田在特定的时期展开采摘活动，这对于较少接触的城镇游客来说有着较大吸引力。

（2）文化民俗活动。海南乡村中有着众多的民俗活动，除了汉族传统节日外，少数民族也有其特定的庆典节日，在这些日子里会开展一些颇具趣味的活动。基于此种文化习俗，可在村内定期展开此类活动，除了在节日当天有与村民共同活动的体验外，非节日前来的游客也可体验到不同的民俗活动。海南本地有换花节、军坡节等，黎族同胞有三月三节日等，这些节日都将作为乡村民宿住宿体验的助力，增强游客的情景体验感。

（3）主题活动的开展。乡村民宿因有限的室内外面积，无法开展大型的主题活动，除了传统的院落中蔬果采摘体验外，也可以联合其他民宿经营者共同打造具有地域风情的主题活动。例如，民宿经营者可以承接艺术家写生的主题活动，制定写生路线，打造以艺术为主题的民宿经营模式。此外还可以以地方食材为基础，由游客自行烹饪菜品进行美食分享，吸引周边络绎不绝的游客前来观望与问询。海南黎族地区还可以教授游客简单的藤竹编织技艺和黎锦纺织技艺、扎染技术。

6.优质的服务

与连锁酒店的服务方式和内容不同，乡村民宿除了提供基本住宿服务外，其余内容均由民宿经营者自行定义，这种非标准化的服务方式的质量取决于经营者本身。游客所居住的场所是经营者的住宅，那么这种短时间频繁的接触能够快速拉近二者的心理距离，在田野调查时采访游客和民宿经营者可以得知，他们之间的沟通和交流始于对个人兴趣爱好和饮食习惯的分享，进而民宿经营者再有针对性地展开服务。例如根据饮食习惯推荐特色菜品，根据旅游偏好推荐游览路线等，以此种方式来让游客有宾至如归的感觉。这一过程中，民宿经营者的服务态度起到了较为重要的作用，可以通过以下几种方式加强：①民宿经营者在不影响游客正常活动以及具有交流意愿的前提下与游客进行交流，了解其日常需求，进而有针对性地提高满意度；②准备一些成本不高但具有地方特色的小礼品赠送给游客，可以是自行编织的小型工艺品。以额外惊喜的方式送给游客，既能提高游客对民宿住宿体验的口碑，还能增加回头客的数量；③由村政府制定相应的市场监管制度，对民宿服务标准、定价进行监督，展开特色活动的培训，让民宿经营者更加熟悉地方人文特色和历史文化，提高业务水平。

（三）扩大海南黎族乡村民宿的发展与宣传模式

"乡村民宿＋"模式：基于当下较为主流的产业结合市场开发模式，海南黎族乡村民宿的发展也应拓展其相关产业链，扩大乡村民宿的服务范围，通过"乡村民宿＋"的形式附加其他产业，联动形成聚集效应较好的乡村旅游品牌。这种模式优势在于弥补了乡村民宿仅作为住宿使用的短板，除了与地方的旅游资源联动外，也能促进黎族乡村民宿经营者的农产品销售，还能由线带面地形成以整个乡村为规模的品牌。例如海口花梨之家民宿以"乡村民宿＋"的模式链接了当地特色水果荔枝，并整合专业合作社打造了荔枝口碑，在本地引起一批慕名前来旅游的游客，形成了"乡村民宿＋"的基础，但该民宿在互联网宣传方面还很薄弱，在时下新兴的小红书、去哪儿网、携程平台上都没有该民宿的宣传。

"互联网＋"模式："互联网＋"是拓宽民宿宣传最有利的途径之一。随着智能手机的普及化，越来越多的游客会通过智能手机和互联网去了解乡村旅游质量及民宿居住体验。田野调查时可以发现，乡村民宿的经营者未能有效使用这一优势进行民宿宣传，尤其是经营者为当地村民的民宿，基本依靠游客问询的方式才能了解到价格、服务等关键要素。基于这种情况，乡村民宿亟待利用"互联网＋"的思维进行宣传，当下主流的宣传方式有：①通过加入小红书、携程、美团、爱彼迎等软件平台，由经营者将民宿的外观、房型、价格进行录入，同时邀请居住者扫码进行评价，扩大岛内外游客了解该民宿的途径；②运用短视频平台，以动态视频的方式分享日常村内活动和民宿内展开的一些特色服务，吸引广大游客前来观光体验。

就目前在小红书上能查到的海南黎族乡村民宿只有关于昌江浪悦黎奢民宿、陵水疍家故事民宿、昌江洪水村民宿等的十几篇笔记。而搜索莫干山民宿却有3万多篇。总而言之，海南黎族乡村民宿的发展必须要拓宽乡村民宿的宣传路径，地方政府应配合村民通过官方渠道增加宣传力度，弥补乡村旅游前期客流量较少的短板，逐渐形成以乡村为品牌的特色旅游，为地方经济的发展夯实基础。

四、海南发展黎族乡村民宿的独特优势

海南省发展乡村民宿有着一定得天独厚的资源优势和政策优势，二者相辅相成，互相影响。

（一）丰富资源与独特文化

海南岛的资源优势得益于其四面环海的独特地理位置，海南岛的气候主要是热带季风海洋气候，温润潮湿的环境使岛内动植物资源丰富，且给当地原始居民提供了繁衍的温床，让其在这片热土上形成了自己民族独特的文化，逐渐成为海南的人文资源优势。如黎族传统民居建筑、黎族传统纺织技艺、黎族文身等在千百年的发展过程中，不断吸收外来文化并有机融合，成为海南岛独特人文环境得以产生的重要途径，加之国家政策的大力扶持，海南岛的旅游业发展更是具有源源不断的驱动力，进而为民宿建筑的多样化、多元化发展提供契机。

1.自然环境优越

海南岛地处热带北缘，属热带季风气候，素来有"天然大温室"的美称，这里长夏无冬，年平均气温22~27℃。海南有着无与伦比的自然环境、十分宜人的气候，比较理想的空气和水源质量。从地理位置来说，海南四面环海，受到周围环境所带来的影响比较少，能够建立独特的生态系统。海南省拥有丰

富的土地资源，被称作中国最大的"热带宝地"。土地总面积344.2万公顷，约占全国热带土地面积的42.5%。海南的植被生长快，植物繁多，是热带雨林、热带季雨林的原生地。目前海南岛有维管束植物4000多种，约占全国总数的1/7，其中600多种为海南所特有。此外，海南水产资源、海盐资源、矿产资源等都十分丰富。丰富的自然资源为旅游业的发展提供了无限潜力。

2. 景区资源丰富

海南省的景区资源十分丰富，主要体现在自然资源和人文资源方面。除了享有盛誉的5A级分界洲岛旅游区、呀诺达雨林文化旅游区之外，还有南山大小洞天旅游区、南山文化旅游区、蜈支洲岛旅游区、海南兴隆侨乡国家森林公园、兴隆热带植物园、热带花园、南燕湾、石梅湾、日月湾等，这些旅游景区早已深入人心。同时，人文资源也相当富有，比如琼台书院、五公祠、秀英炮台、火山口公园、崖州古城、槟榔谷黎苗文化旅游区等各类型的风景名胜资源，每年都吸引着大量的游客前来旅游度假，三亚市、海口市等地是接待游客量最多的地区。随着博鳌亚洲论坛的召开，原来的一个小渔村如今也已经旧貌换新颜，全新的博鳌已经成为新兴的旅游胜地。

3. 交通畅通便利

目前，海南省的交通十分便利，在公路上形成了三纵四横的骨架，有具体的干线通到港口和市县当中，并且已经建成了环岛高速公路。截至目前，全省公路通车3.5万千米，目前仅有粤海铁路通向海南岛，岛内仅有环岛铁路，尚未建有地铁及城际铁路；全省24个港口均可进行海运，海口的美兰国际机场、琼海的博鳌国际机场和三亚凤凰国际机场航线丰富。海南东环铁路从三亚到海口只需要不到一个半小时，并在当前已经全面试行电子客票，十分便捷。正是因为交通的便捷，让海南岛四面环水的地理位置变得更为独特，游客数量的激增为民宿的发展带来了契机。

4. 地域文化独特

海南省的地域文化特色是比较明显的。如富有地域风情的黎苗文化、热带雨林风情文化、海洋风情文化、南洋文化等。当地风景秀丽的海岸文化、历史悠久的火山文化、怀古颂今的骑楼文化、书香四溢的书院文化、巍峨壮美的山地文化、饱经沧桑的古迹文化和热带风情的景点文化等，汇集成海南别具一格的地域特质。目前，海南省非物质文化遗产4个批次共计100种，为海南乡村民宿的开发提供了有力保障。近年来，海南省还承办了很多重要的国际赛事、国际会议和展览等，比如环海南岛国际公路自行车赛、博鳌亚洲论坛、消博会、世界文化周等，也让更多的人认识了现在的海南，并看到了海南未来的无限可能。目前，海南省的旅游吸引力在不断地提升，呈现出了鲜明的地域特色，能够为整个海南省民宿产业的发展，提供在全域旅游背景下所需的一些基础的经济和社会的资源。

（二）政策优势

政策优势得益于海南省独特的地理位置。1988年建省以来，作为我国最南方的岛屿省份，海南岛进入了空前的发展阶段，其中旅游业是海南省着重发展的一个产业。海南省不断推进旅游产业发展，完善旅游产业服务设施，并积极地和国际市场接轨，以此来扩大自身影响力。2010年，为了让海南岛更好地融入国际旅游的舞台，国务院发布了《国务院关于推进海南国际旅游岛建设发展的若干意见》（以下简称《意见》）。《意见》一经发布，海南岛的旅游业发展就进入了快车道，在之后近十年的时间内大力发展相关产业。而后《海南省旅游发展总体规划（2017—2023）》在国际旅游岛建设中后期得以颁布，其目标旨在能够建立起世界一流的海岛休闲度假旅游胜地，长远的展望是希望能够建立起世界上一流的国际旅游目的地，由此可以看出旅游、度假是海南中长期发展的主要致力目标，因此围绕旅游相关的客运、住宿、餐饮等行业得到了不同程度的带动。对于游客来说，最基本的旅游观光需求围绕吃、住、行三方面展开，然而随着近年来人民物质生活水平达到了一定高度，对精神文化方面的需求随之产生，这就需要旅游业的发展不仅着眼于基础设施的完善，更要从吃、住、行三个方面提高文化软实力。民宿作为"住"的主要参与对象，其硬件条件和内在人文环境在一定程度上也制约着海南旅游业的发展，对地方文化的输出有着至关重要的推进作用。

海南省的区位优势建立在海南得天独厚的气候环境和地理位置基础上，是我国最南端的岛屿省份。从航运角度出发，它是我国连接东南亚各个国家进行出口贸易的"南大门"，同时海南省也是我国规划"一带一路"这一战略支点。因此，独特的区位条件、天然的港口、频繁的海陆贸易往来能够给海南省带来极大的发展机遇。正是由于海南省的区域发展水平比较高，因此，在一定程度上能够为民宿设计提供更好的背景依据，同时对整个地区的民宿经营发展带来了良好的经济条件和外部条件。

海南在地文化民宿
设计案例分析

第五章

第一节 海口地区民宿案例分析

一、沐心石屋民宿

（一）概况

沐心石屋民宿位于海口市秀英区永兴镇儒张火山古村，临近仙人洞、雷琼海口火山群世界地质公园、海口石山火山群、海口观澜湖火山温泉谷、海之语海洋世界等景点，距离市中心大约17公里，交通便利，周边餐饮资源丰富。沐心石屋民宿于2021年被海南省旅游民宿协会评为"铜宿"，被誉为经典的民间文化生态博物馆、乡村历史文化的活化石（图5-1）。

图5-1 沐心石屋民宿1（图片来源：作者自拍）

（二）设计规划

沐心石屋民宿被包围在石山群的荔枝林中，两边是高低起伏的石山羊肠小道，蜿蜒曲折。与其说沐心石屋是民宿不如说其是一个世外桃源，沐心石屋是海南羊山地区独有的火山石堆砌而成的火山古民居，体现了羊山地区的建筑文化。近年来由于火山古民居配套设施相对简陋，许多村民因生活不便，纷纷搬出古民居，住上了新村，这也使儒张村的火山石屋逐渐衰败。2018年8月，儒张村沐心石屋民宿项目正式动工，项目规划范围约200亩，计划建设35个火山石屋院落，民宿客房约120间，还有文创馆、农家乐餐厅、旅游接待中心等。

沐心石屋在被改造为民宿的过程中并不是将整个村子进行重建，而是在原来的基础上进行修复，这就很好地保存了村子原有的格局。每一户都是一个小单元，房间独门独户，前有花园后有露台。由于沐心石屋民宿是由原本村里的房屋所修复的，格局各不相同。沐心石屋民宿的每间屋子均由海南当地比较平整的熔岩石错位堆砌而成，墙体呈现出灰黑色。房屋的屋檐延伸较多，适应海南当地多雨的气候特点。房屋外部多由防腐木、稻草和火山石装饰，都是海南当地特有的材料。每个房间空地都由石板铺设而成，既可以达到美观的作用，也可以在雨后尽快疏通雨水。室外种植着许多颜色鲜艳的植物，与灰黑色的墙体形成了鲜明的对比。在这里可以领略百年沉淀的火山古村独特的建筑美学，石墙、石柱、石磨、石板路，犹如置身于"石头王国"（图5-2）。

图5-2　沐心石屋民宿2（图片来源：作者自拍）

（三）室内设计

沐心石屋民宿的室内空间多是古色古香的设计，与沐心石屋民宿的外观统一和谐。民宿多采用具有中式元素的木质门和窗，宽大的门窗有助于室内的通风和采光。室内的墙面上有的用防腐木装饰，有的是将火山石的墙体裸露着，部分则将墙面粉刷成白色。天花板主要分为两种，一种是海南当地的金字形天花板，另一种是将稻草和木条相结合，十分具有海南当地的特色。室内的家具主要为传统的中式家具，客房内古典、质朴的中式家具与具有百年历史的石屋相得益彰，墙面的装饰为传统的中国画。院内多种植颜色明亮的花草植物，以此点缀灰黑色的石屋（图5-3）。

图5-3　沐心石屋民宿室内外（图片来源：作者自拍）

（四）项目总结

沐心石屋民宿值得借鉴的是，它在建造民宿的同时并没有全部重新翻盖而是对农户闲置的石屋和农田进行价值再创造，在不离土、不离乡的情况下帮助农民增收，助力乡村振兴。这也使来此游玩的游客可以更好地感受海南火山古村质朴清新的文化，是沐心石屋民宿的主要特色。如果能够在软装中加入更能代表当地特色的元素，会使室内空间的效果更加丰富。

二、印象海上花客栈

（一）概况

印象海上花客栈位于海口市龙华区羊山大道冯小刚电影公社1942街。印象海上花客栈的周边有观澜湖华谊冯小刚电影公社、反弹蹦床公园、NBA互动体验馆、海口巴萨世界、海口观澜湖火山温泉谷等景点。客栈临近海口美兰机场和海口东动车站，交通便利。印象海上花客栈是冯小刚电影公社的一部分，客流量大且周边的基础设施完备。2019年被海南省旅游民宿协会评为"金宿"（图5-4）。

图5-4　印象海上花客栈（图片来源：作者自拍）

（二）设计规划

印象海上花客栈在冯小刚电影公社的景区内，整体设计规划完整。冯小刚电影公社是一个集实景旅游、实体商业、影视拍摄三位一体的大型电影主题景区，由1942街、南洋街、老北京街、芳华小院等多处影视拍摄景观组成，其中印象海上花客栈位于1942街（图5-5）。1942街集合了20世纪三四十年代长江流域的重庆、武汉、南京、上海等四大城市的建筑风情，共91栋建筑，其中20多栋建筑完全按照老照片复原，包括西山钟楼、重庆国泰戏院、上海融光大戏院等。使游客对那个时期的建筑风格都有了切身感受。印象海上花客栈外观建筑整体风格，古朴、典雅。周边的建筑风格统一，高低错落有致。客栈外石栏堆砌的围墙上爬满了葱葱郁郁的绿植。鲜红的花，黄昏的灯，和悠长的街道融为了一体。客栈后方为芳华小筑，虽然与印象海上花客栈为同一家经

图5-5　印象海上花客栈大堂（图片来源：作者自拍）

营，但风格大不相同。芳华小筑也是当时《芳华》的拍摄地点，从客房推开窗便可看到景点芳华小院。

（三）室内设计

印象海上花客栈的室内空间设计与整条街的风格都为"民国风"，客栈的大堂整体为新中式风格，大堂中的旗袍、莲花造型的灯、雕花隔断、天花上传统中式风格的房檐装饰、植物等都体现出传统的中国元素。在大堂中为下沉式的两个茶室，十分具有特色。入口处的墙为灰色的瓦片堆成，在中间有着富有禅意的装饰。餐饮分为室内和室外两种，室内的桌椅为传统的中式家具，室外的餐桌主要使用防腐木与藤编。客栈的客房房型很多，顾客可根据不同的需求进行选择。客房设计风格主要为民国风，床柱与床幔的组合、柔和的灯光、海派沙发、实木地板等都营造出浓厚的复古风情（图5-6）。在一楼的房间中，中式风格的设计比较浓重，房间中的天花、隔断、家具皆为传统的中式风格。部分房间的天花十分独特，借鉴了当地黎族风格的金字形天花板。客栈中的卫生间为干湿分离的设计，洗手台的风格与整体设计和谐。

图5-6 印象海上花客栈室内（图片来源：作者自拍）

（四）项目总结

印象海上花客栈依托冯小刚电影公社为客栈引流，客流量稳定。印象海上花客栈在整体的设计中为民国时期风格与中式风格的结合，与冯小刚公社整体的风格和谐统一，室内很多的装饰都是中式风格，并且将其进行了改造应用。

客栈下沉式的茶室为民宿增加亮点，大堂中的天花板设计独具匠心。如果将客房中的部分装饰与整体风格统一将会更加和谐。

三、聚焦零海摄影主题民宿

（一）概况

聚焦零海摄影主题民宿位于海口市美兰区演丰镇曲口墟，与马尔代夫、夏威夷同处于北纬19°，紧挨原生态渔村码头，也是海南唯一的生蚝养殖基地。它毗邻红树林保护区，靠近曲口渡口，交通便利。2021年被海南省旅游民宿协会授予"海南省铜宿级民宿"称号（图5-7）。

图5-7　聚焦零海摄影主题民宿1（图片来源：民宿公众号）

（二）设计规划

聚焦零海摄影主题民宿的项目规划较为完善，近于海口，优于三亚，与文昌隔海相望，周边多自然景观，远离城市喧嚣。民宿周边优美的景色，吸引了很多喜爱拍摄的发烧友，这也成为民宿客流量的主要来源。该民宿首创摄影展览艺术大厅、摄影分享课堂、摄影创作和后期教学，是一个为挚爱影像、享受生活、乐于分享的群体打造的休闲度假摄影主题民宿。

民宿负一楼为全景开放式厨房、KTV包厢、私人花园、网红泳池，一楼为公共区域；二楼主要为餐厅、各种茶饮、海鲜加工、家常菜等；三楼有轻奢大床房；榻榻米海景房、超大公共露台；四、五楼主要为客房，包括180°海景套房、在水一方双床房、亲子海景房；六楼有270°海景套房、特色中式大床房、两大观星台。民宿建筑整体为蓝色，与海水呼应。

（三）室内设计

民宿的大堂为LOFT工业风，灰和白的经典色调让空间视觉效果更加的宽敞和高大，地中海风格的沙发茶几组合为大堂带来海洋气息（图5-8）。民宿餐吧整体为海滨风格，高大宽阔的落地窗允许大量的阳光进入，而白色纱帘和室内整体装饰有助于进一步散射光线，整个客厅看起来明亮而舒适。原木色的座椅充满轻盈感，开放的空间让人觉得仿佛置身海滩一样轻松自如。超大的公共露台，颜色以蓝白为主，具有海洋元素。民宿客房风格多样，以现代简约风居多，放置的家具注重流畅的线条设计，回归自然，崇尚原木韵味，将设计的元素、色彩、照明、原材料简化到最少，色调以浅色系为主。每个客房的风格各不相同，部分房间的床为吊床和榻榻米，顾客可以根据喜好进行选择。客房中的家具、天花板和地板多为防腐木制成，部分房间的床和装饰为金属制成。

图5-8　聚焦零海摄影主题民宿2（图片来源：作者自拍）

（四）项目总结

聚焦零海摄影主题民宿主要以其独特的地理位置与周边的景观作为特点吸引顾客到此，民宿的整体风格与室内设计软装都十分适合作为拍照背景。整体的设计风格极具海洋元素，其利用自身优越的特点成为民宿经营的卖点，这是值得借鉴学习的。

四、连理枝民宿

（一）概况

连理枝民宿位于海口市美兰区演丰镇"首批国家森林乡村""全国乡村旅游重点村"——山尾头村中，深藏于演丰东寨港红树林旅游区核心腹地。其依托周边的自然环境吸引游客，保证了客流量，民宿本身的基础设施也较为完善。连理枝民宿曾获得"海南省五椰级乡村旅游点""中国乡村旅游金牌农家乐""海南省首批民宿示范创建单位""海南首批十佳民宿""海南省乡村民宿银宿"等称号，并在第十三届"中国国际室内设计双年展"获得铜奖（图5-9）。

图5-9　连理枝民宿（图片来源：作者自拍）

（二）设计规划

连理枝民宿依托东寨港红树林保护区，利用乡村闲置民居资源，打造具有浓郁渔家风情的乡村精品民宿集群，满足不同消费群体的吃住行游购娱的一站式需求。以"民宿合作社"为平台带动大部分村民就业，实现民宿产业化发展，助力乡村振兴和精准扶贫。连理枝渔家美食民宿主打乡居渔家民宿，现有6栋民宿别墅，分别为连理传说、兄弟舍、庭园舍、渔乡舍、乡情舍、名人舍，其中名人舍现已成为民宿的豪华用餐包厢。

（三）室内设计

连理枝民宿以海南传统民居建筑风格为主，塑渔家格调，与江南风格相结合，每一间民宿又有不同的装饰，各具特色。民宿以原木色为基调，纯木的质感，采用船木、椰壳、竹子、渔网等乡村元素装饰而成，复古、清新、雅致，保留了大自然给予连理枝天然的恩泽。名人舍为连理枝民宿的网红打卡点，由渔民家改建而成，保留了海南渔家住宅传统怀旧的风格。连理传说共有3层楼，进入室内是挑高的一楼大厅，以船木家具为主，吊灯为柱子造型，在天花、墙面都装饰着渔网、船桨、废弃小木船等装饰品。二楼不仅有3间客房，还有观景大露台，可远眺红树林海岸，近观山尾头村风光。三楼设有两间高端客房，天花和地板由防腐木制作而成，家具为古香古色的船木家具，整船、船木、竹子、椰子树树叶、树干、椰子干果、干枝、渔船附件、海南米缸、瓦片、红砖、青砖、生蚝壳、贝壳、海南火山石、海南黑石材等都成为软装设计的一部分。兄弟舍则既有渔家风情又有江南格调，在走廊装饰着由多位名家描绘的连理枝乡村景色的油画，一楼大厅古朴大气。渔乡舍采用船木、船桨、渔网、竹子等渔乡风情元素精心布置，更加具有渔家风情，墙面有着渔船形状的造型，渔船、船桨、红砖、船木家具等元素都被应用其中（图5-10）。

图5-10 连理枝民宿室内局部（图片来源：作者自拍）

（四）项目总结

连理枝民宿在室内外的空间设计上很好地诠释了海南的在地文化，将渔家风情和海南当地传统元素都进行了传承和创新，让居住在此的顾客可以真切地感受到海南当地传统民居的特色，这是值得借鉴的。连理枝民宿依托周边的景点和基础设施迎来很多的游客，民宿在自身发展的同时将村子里的经济也带动起来，推进了乡村的发展。

五、骑楼还客 1921 精品民宿

（一）概况

骑楼还客 1921 精品民宿位于海口市龙华区中山路，这里被评为首批十大"中国历史文化名街"之一。民宿周边有骑楼老街、海口钟楼、海口人民公园、海口世纪大桥、五公祠、白沙门公园等景点，餐饮行业发达，交通便利，距离市中心 1.5 公里左右，处于海口市中心周边经济圈。依托骑楼老街，客流量大，基础设施完备。曾获得海南"十佳民宿"的称号（图 5-11）。

（二）设计规划

骑楼还客 1921 精品民宿在海口的骑楼街区中，骑楼老街作为海口一大热门景点，一直以来人流量很多，为民宿带来很多的客流量。在近几年骑楼老街的发展中，民宿周边的服务设施、特色餐饮、基础设施等也逐渐完善。由于现在人们对于老建筑保护的意识越来越强，骑楼老街的建筑大多被保留下来，并且根据骑楼固有的特点进行改造和创新。民宿的前身是一栋有着近 200 年历史的巴洛克风格

图 5-11　骑楼还客 1921 精品民宿 1
（图片来源：作者自拍）

的"美兴昌汽水公司",在改造的过程中巧妙地将现代简约的舒适性与复古调性融合。民宿共26个房间,根据每个房间看到的不同的风景命名主题,不同的主题还显现在房间的名字和图标上,而26个房间的命名,连起来是一首诗。在民宿外部有优雅细致的雕塑和洋派的装饰,精美的雕花、栏、门窗,处处弥漫着历史的积淀和独特的地域风情,都被很好地保留了下来。

（三）室内设计

骑楼还客1921精品民宿的室内设计很好地展现了南洋文化的气息,体现了古典与现代的结合。民宿的大门两边是用扁平的石头垒起的装饰,走进大门能看到传统的木雕装饰和两根柱子。大面积的中庭,白色的简约风格,让人眼前一亮。两层高的大厅中间,一棵象腿树笔直地矗立在那里,自由生长,好像要破窗而出。象腿树巧妙地设置在了中庭,与高大宽敞的天井中央达成了一种连接,仰望其中,达到了一种生命延续的巧妙观感。中庭设计还借鉴了枯山水的设计风格,用石块象征山峦,用白沙象征湖海,用看似随意的线条表示水纹,如一幅留白的山水画卷。简约、明快、时尚的风格,彰显着"简单生活美学"的理念。中庭两边的墙面上也进行了装饰处理,浮雕壁画展现出传统纹样和骑楼老街以前繁忙的街景。老汽水厂内部自带的中庭被改成了玻璃天台,既扩大了室内面积,也给老房子增添了几分现代气息。在这宽广开放的自由空间里,依靠着沙发,头顶是一汪清水,阳光透过天窗洒下粼粼波光,人就这样不由自主地放松下来。盘旋而上的楼梯,镶嵌其间的便是南洋的彩色玻璃和巴洛克彩色地砖,缤纷的色彩与简洁的墙面构成对比,楼梯旁的空位上摆放着各式各样海南特色的物件。在楼梯转角处放置着具有南洋风情的长条几案,达到中西风格结合的效果。客房整体为LOFT,简约风为主,黑白灰为主色调,搭配巴洛克风格地砖和南洋风情木制家具,有繁有简。房间里还会陈设许多老物件,散发出质朴、怀旧的气息。古色古香的梳妆台,精心摆放的皮箱、香炉、陶罐,褪去了厚厚的灰尘,在这里重新焕发光彩（图5-12）。

图5-12 骑楼还客1921精品民宿2（图片来源：作者自拍）

（四）项目总结

骑楼还客1921精品民宿虽然是由老房子改造，但在继承传统的前提下进行二次创作的理念是值得借鉴的。民宿的室内设计将舒适性和复古相融合，虽然是根据老房子再造的，但其内部设计是现代简洁柔和的风格，搭配水泥砖，使整个空间更加现代。在民宿的客房中装饰着骑楼的诸多元素，挂在墙上作为装饰，骑楼元素从内到外得以穿插贯彻。

六、海南森林客栈

（一）概况

海南森林客栈是一所连锁店，如今在海南已有8家分店。海南森林客栈曾被中国饭店业协会评为"全国十佳民宿客栈"，并通过国家四星级文化主题饭店评审。

（二）设计规划

海南森林客栈坐落于市区中，交通便利，周边基础设施完善，拥有各类主题客房121间。公司以"最绿色，最海南，最当地"作为设计经营理念。虽然地处于繁华都市，但民宿利用火山石和大树木营造了一片闹中取静的城市森林。海南森林客栈不仅仅是一个民宿，入住民宿还可以体验在地文化，如拉网捕鱼、冲浪、夜抓螃蟹、海礁徒步、看日出、爬树摘椰、骑行、打台球及乒乓球、跳黎族竹竿舞、唱儋州调声、春米制作糯米粑DIY，还可以免费凭房卡喝咖啡及茶饮、吃绿皮香蕉、到自种菜园摘菜等。民宿的整体外观被粉刷成绿色，海南森林客栈的门口极具海南本地特色，海南森林客栈的客房风格更是森林气息与海南当地风格的融合。每个客房的室内设计都不同，并且根据每个房间的特点，房间的名字也不同（图5-13）。

图5-13　海南森林客栈1（图片来源：作者自拍）

（三）室内设计

海南森林客栈的大堂由废弃的古船木建筑大门和栈桥建成，客栈的大堂更像是一片大型的室内森林，簇拥成群的槟榔、椰树、芭蕉等热带植物，流淌着能奏响天籁之音的火山瀑布和小桥流水，一进门就能感受扑面而来的古朴气息。大堂以火山石为主要材料，利用海口特有的香蕉、椰树等热带植物共同构成，尽显海南当地乡土风情。咖啡店的绿色墙面与窗外的绿色植被呼应，火山石拼接而成的墙围与古船木形成墙面装饰，墙体中间打窗框大小的洞使墙体兼做隔断，中间的空洞使两边有了沟通感，更加通透。酒廊利用不规则的木制长椅营造出森林中造型奇特的树木的效果。部分客房墙面、地板和天花主要由防腐木制成，床头由古船木支撑。游客根据不同的意愿可以选择不同风格的房间。如"四季青翠"客房的墙面主要为青色，墙面与床主要由竹子制作而成，桌椅则为古船木，地砖为灰色的石砖。"喜上枝头"客房充满童趣，更适合带孩子的家庭，在客房的墙面上绘画着白雪公主的童话元素，十分符合小朋友的爱好。海南森林客栈的室内设计中充满了火山石、椰子木、老船木等从乡村提炼出来的文化美感元素，这里的设计从整体风格到各种小摆件，都体现着海南的文化元素（图5-14）。

图5-14　海南森林客栈2（图片来源：作者自拍）

（四）项目总结

海南森林客栈有着自己独特的经营理念与设计风格，将森林融入客栈中每一个细节，并且与海南当地的元素相结合。客栈同时推出森林IP的研发和升级，将海南的旅游商品植入人心。研发与森林有关的文创产品，如森林的T恤，背包、拖鞋、手机套等；遵循自然发展规律，保持森林的原木环保制造，用原木制作小玩具等，让城里人感受乡村的绿色气息。这是值得借鉴和学习的。

第二节　琼海地区民宿案例分析

一、无所归止民宿

（一）项目概况

无所归止渔家民宿位于琼海市潭门镇潭门村，坐落在距离潭门港数百米的石碗村，和大海隔着一湾窄窄的沙塘，占地大约两亩。周边的景点有潭门中心渔港、中国（海南）南海博物馆、潭门南海风情小镇等，交通便利，周边基础设施较为完善。在全国首批评定的甲级、乙级旅游民宿中被评为甲级民宿，2019年被评为海南省"金宿级"民宿。

（二）设计规划

无所归止民宿周边餐饮行业发达，地理位置优越，毗邻海边，风景优美。无所归止民宿由一栋废弃的贝壳加工厂改造而成，材料方面主要是用了一些贝壳、渔网、珊瑚石还有一些老房子拆下来的物件，都是废物再利用，提倡环保。主建筑是一栋二层楼房，共有十二间大小不等的套房和一间渔家书屋，是带有海洋风情的渔家风格建筑。民宿大门由旧船木改造而成，并带有船舵装饰，门上"无所归止"4个大字非常显眼。穿过大堂，后院给人意外的惊喜，再往里走，是由贝壳工艺品装饰的客房区和休闲区，旧船木吧台、珊瑚石堆砌的石屋、海花石墙壁、老船木桌椅、渔网和贝壳装饰的屋檐，奇妙地将民宿与渔家融为一体。从主楼向海滩走去，依次是一个大院子和一座船屋，船屋的设计优雅独特又不失简洁，屋檐边吊着许多贝壳、小海螺，微风吹来风铃一样清脆悦耳，承载着诸多渔家元素。登上几级台阶来到船屋的甲板，甲板上摆放着船木做的桌子和长凳。从一楼往外走还可以看到一艘船屋音乐吧，站在老木船上，所见之处是一片海天相容的蔚蓝景色。民宿还与其他渔民转型后的相关产业对接，如潜水捕捞、游艇观光、外海垂钓、浅滩浮潜捕捞、帐篷露营、海鲜火锅等体验项目（图5-15）。

图5-15 琼海 无所归止民宿1（图片来源：作者自拍）

（三）室内设计

　　无所归止民宿的室内空间设计以简约风格为主，白灰色调为主色调，防腐木地板为空间增加暖色，客房墙壁上以贝壳、海螺作为装饰，增加渔家元素，简约的室内设计风格，为厌倦都市繁忙的顾客提供了一个港湾。民宿休闲区的桌椅由老船木改造而成，用渔网及各种贝壳装饰屋檐，绝妙地将民宿与大海融为一体（图5-16）。

图5-16　琼海　无所归止民宿2（图片来源：作者自拍）

（四）项目总结

　　无所归止民宿将当地的建筑特色很好地进行了传承和创新，海边的美景与民宿的渔家风情，为民宿吸引了众多的游客，并且带动了当地的经济。民宿利用当地废弃加工厂与闲置老房子进行二次创作和改造，并且很好地利用了本地特有的材料，将当地的渔耕文化融入其中，这是值得借鉴学习的。如果能够在民宿的客房中融入更多的渔家元素，将会使室内外风格与元素达到更好的统一。

二、凤凰客栈

（一）项目概况

凤凰客栈民宿位于海南省琼海市博鳌镇南强村，毗邻博鳌亚洲论坛会址，距琼海市区17千米。客栈对面是海南岛第三大河——万泉河，全长163千米，万泉河出海口是目前世界河流出海口自然风光保护最好的地区之一。凤凰客栈不远处便是博鳌禅寺。凤凰客栈在2018年的海宿会上成为"海南十佳民宿"之一。

（二）设计规划

客栈依托整个美丽南强文明生态村建设，交通便利。据记载，南强村有300多年的历史，"南强"取自宋代诗人汪洙的诗"将相本无种，男儿当自强。"且为迎合南方图强之意，故用"南"代替"男"。凤凰客栈民宿内景古朴典雅。南强村自然环境优美，成排老屋、斑驳古井、青砖古道、参天古树，热带雨林生态系统保护完好。客栈利用老华侨荒废的房子修缮而成，面墙是由老屋的墙砖重新砌成的，保留南强村传统民居格局。客栈位于万泉河下游的南强村，有书吧一间，藏有书籍48个种类、4400多本，风情各异的房间6间（含套房），还有餐厅、小型会议室、陶醉音乐吧、艺术公社等，是休闲深度游、体验民俗的好去处（图5-17）。

图5-17 琼海 凤凰客栈1（图片来源：微信公众号蒂璞文旅）

碧桂园海南区域以村庄为基础、以农民为灵魂、以田园风光为本质的乡宿理念，打造了集艺术农业、艺术创作、艺术交流、艺术品展、艺术教育、艺术生活、休闲、旅游、精品度假、康养为一体的国际著名的生态"艺术+"村。秉承着修旧如旧的建造理念，南强村凤凰客栈便是由旧民宅升级改造而来，既保留了朴素的民风，又赋予了现代气息。

（三）室内设计

在客栈大堂为了将会客和进入客房的通道隔断，分隔出一种功能性的空间，其选择使用了精约化的博古架来区别。经过这种新的分隔方法，单元式住所就能展现出中式家居的层次美。"面朝大海""观海听涛""华灯初上""归园田居"……民宿每个房间的名字都很有诗意。凤凰客栈的客房多用的是中式设计和中式架子床，架子床的设计是人性化的，床屉由于其应用的环境不同，也会有所不同。像南方比较温暖潮湿，屉面就多采取棕屉或藤席，而北方气候比较干燥寒冷就大多用木板做屉，至多在上面附上柔软的铺垫，非常的舒适（图5-18）。

图5-18　琼海　凤凰客栈2（图片来源：微信公众号蒂璞文旅）

（四）项目总结

南强村是一个拥有深厚历史文化的县镇，凤凰客栈是在保留当地地域特色的基础上设计的外形简洁、功能多样的居住民宿。凤凰客栈复古典雅的民宿环境与当地的民房格局紧密结合，很有土著气息。通过这种合理的民居改造，当地将"民房"变"客房"彰显的是美丽乡村的变化，收获的是村民、游客与投资者的"共赢"。

第三节　文昌地区民宿案例分析

一、吾乡乡隐民宿

（一）项目概况

吾乡在海南省的首个项目——吾乡大庙共享农庄位于海南四大名菜之首的文昌鸡发源地文昌市潭牛镇（图5-19）。民宿位于海文高速潭牛出口东北角大庙村，距海口市区约50千米，约40分钟车程；距美兰机场43千米，约37分钟车程；距文昌市区10千米，约12分钟车程；距文昌高铁站8千米，约10分钟车程；距潭牛镇2千米，约3分钟车程，地理位置好，交通便利。

吾乡乡隐在2020年第二批乡村民宿中被评为银宿。作为吾乡田园综合体（共享农庄）旗下的院落式高端民宿品牌，吾乡乡隐民宿不仅是一家民宿，更是一首返璞归真的乡隐田园诗。

图5-19　文昌　吾乡乡隐民宿1（图片来源：作者自拍）

（二）设计规划

民宿吾乡的设计思路秉承诗人笔下田园乡居之意境，完整复刻琼北数百年民居风格，重现大夫第之"归园田居、韬光养晦、淡泊明志、宁静致远"的造园隐喻。民宿在现有老村落建筑的基础上进行改造设计处理，将琼北民居中占大部分面积的客厅、会客等的面积进行一定的缩减，并按照经营民宿的规格扩大了客房面积，这是在对传统民居基础样式的保留上进行的合理改造。

（三）室内设计

进入民宿，迎面而来的是一个禅意十足的中庭方院，院中使用一些如常绿树、苔藓、沙、砾石等静止不变的元素，营造枯山水庭园，精心造型的迎客罗汉松杳然眼前，泰山石、草坪、碎石沟壑共组，形成沧海桑田、重峦叠嶂之景，中庭两侧即是客房。这是完整的琼北民居主屋，琼北地区的民居为我国传统建筑典型的砖木结构。村子基本上坐北朝南，主要建筑和村子围墙全部由火山石构筑，布局结构具有外观封闭、内部开敞的特点。民居以传统的独院、二合院、三合院、四合院等为主，在空间处理上采用敞厅、庭院、廊道和连进式组合，形成开敞、通透的室内外空间结合体系。户与户之间有巷道，由火山石铺地。门头、抱柱、檩头、门墩石均有图饰，村子形如戒备森严的古堡。

老工艺烧制的墙砖，按照空心清水墙的样式砌筑，黏接材料特意加入了海南独有的贝壳粉，这样的墙体不仅隔潮、隔热、保温，更保留了传统的韵味。屋顶则采用了中国传承数千年的木梁筒板瓦硬山顶结构，全手工泥塑檐脊，精画纹饰，实用且美观。走进室内，全实木的家具散发着淡淡的香樟气息，大落地玻璃墙体让人与庭院无障碍互联。吾乡在保留琼北民居的横屋功能前提下，重新设计了横屋建筑形式与格局，长达三十米的配套建筑体呈现现代风，全景落地玻璃和主屋交相辉映，这里集中了可供十几人同时使用的餐厅、会客区、共享厨房、茶室等配套功能区（图5-20）。

图5-20　文昌　吾乡乡隐民宿2（图片来源：作者自拍）

（四）项目总结

吾乡乡隐民宿选址优越，在交通便利的基础上又颇具田园乡居意境，外围建筑和内部房间延续了琼北民居的建造风格，并与中式风格良好结合，让民宿有了地域性特色。

二、海暇民宿

（一）项目概况

海暇民宿位于海南省文昌市龙楼镇的南海港湾，该港湾是海南的一大度假胜地。民宿位于宁静祥和的海边小渔港，坐落在一片广阔的椰子林与大海之间。所在地水清沙幼，椰林树影。邻近石头公园、卫星发射中心、铜鼓岭等著名景点。距离文昌卫星发射中心仅5.4千米，在民宿就可以观看到火箭发射的盛况。海暇民宿在海南省第二批金银宿级民宿评定中被评为银宿级（图5-21）。

（二）设计规划

海暇民宿的整体旅游项目设计规划较为完善，民宿坐落在渔村之中，前有渔港，背靠椰林，周边设施完善，有渔村村民提供的特色美食，有周边景点可供打卡，还可以选择搭乘渔船游览周边。民宿选址在渔村中，除了利用原有的基础设施，也带动了渔村的经济发展。民宿的南立面的形状就像中间切开的传

图5-21　文昌　海暇民宿1（图片来源：作者自拍）

统民居的剖面，左右高低不对称的两个体块形成节奏变化，在色彩和形式上都和当地传统建筑形成联系与呼应，设计感十足。民宿的屋顶也沿用了铺设瓦片的形式。一层围墙使用了毛石饰面，自然粗糙的毛石质感与白墙的光洁产生了材质间的碰撞与对立，青瓦白墙结合简洁的外轮廓，与海边景色相得益彰。

（三）室内设计

建筑由三层主楼、独立厨房、临海前院和椰林后院组成，灰白基调装饰简约大方，内置实木家具，大面积中空断桥铝隔热玻璃门窗让海景一览无余。室内布置有共享客厅与多类型客房套间。内设13间客房，既有经济实惠的六人间，也有包含茶座与阳台的海景套房。在三层更特别设置了一个精致的LOFT客房，集趣味与享受于一体。该民宿提供了不同的种类的客房满足不同住户的需求，客房内民宿南向墙面大面积打通，安置落地玻璃，在获得最大程度光照的同时保证了住户能完美观赏到南向的海景。独立卫生间干湿分离，为游客提供舒适的住宿体验。

民宿中的海景套房尽量采用了贴近自然的装饰，例如石壁、实木家具、阳台铺满细沙，并栽种绿植，敞开式空间让住户一眼看到海景。民宿客房中的设计总体呈现多元化、兼容并蓄的特性，设计不拘一格，运用多种体例，但在设计中仍是匠心独运，深入推敲形体、色彩、材质等方面的总体构造和视觉效果（图5-22）。

图5-22 文昌 海暇民宿2（图片来源：作者自拍）

（四）项目总结

海暇民宿的设计初衷是希望能在保持地域性的基础上创造多样性，创造更多非标准的事物，创造一个给游客带来舒适体验的休闲度假场所。龙楼镇是一个拥有深厚历史文化的县镇，海暇民宿建筑外形的灵感便是来源于传统民居建筑——坡屋顶这一形态。这间民宿在保留传统地域特色的基础上设计外形简洁、功能多样。青瓦白墙结合简洁的外轮廓，在海边既不失色也不突兀。

三、鹿饮溪民宿

（一）项目概况

鹿饮溪民宿位于海南省文昌市大庙村，其是由两幢百年老宅而围就的民宿院落改造而来的，占地面积550平方米。鹿饮溪民宿在2018年获得法国双面神大奖"GPDP AWARD"，并在2020年第二批乡村民宿中被评为银宿（图5-23）。

（二）设计规划

鹿饮溪民宿的前身是两幢老宅围就的民宿院落，其作为海南美丽乡村样板院，因如何得到合理改造从而保护传统村落而备受关注。除了功能布局要满足现代住宿需求外，设计理念也做了大胆尝试，突破传统思维，视觉上耳目一新。建筑入户的白色金属板帆船造型也寓意了海南美丽乡村建设的扬帆起航。

设计师希望将前后院落定为两个不同的主题，即以潮起鲸入海为主题的前院和以林空鹿饮溪为主题的后院，同时又通过借景的手法实现视觉上的相互穿插，让空间更丰富、更灵动（图5-24）。

图5-23　文昌　鹿饮溪民宿1（图片来源：作者自拍）

图5-24　文昌　鹿饮溪民宿2（图片来源：A+设计师联盟）

（三）室内设计

前院设计主题是海洋，即潮起鲸入海，后院设计主题是森林，即林空鹿饮溪。前后院主题分别代表了海南岛的海洋水域和森林陆地，体现了海南的自然风情和独特的地域特色，保留了文昌传统民居的原始韵味，又突破了传统思维，是传统与现代的结合体。整个院落由水景区、山石绿化区、水吧区、遮阳棚休闲区、儿童沙坑区等组成，设计师通过借景的手法实现视觉上的穿插，让空间更丰富、更灵动。镜面不锈钢、湖蓝色金属板、水晶砖、U型玻璃等材质的运用增加老宅时尚感，餐厅外四季常开的玫红色三角梅让整体空间更温馨灵动。客厅中垂吊的鲸鱼灯、蓝色水晶茶几、五彩针织地毯等都突出了海洋主题。

前院加建区域外立面镜面不锈钢反射在原老宅古朴沧桑的砖墙上，弱化了宅院的老旧感。前院布局在原建筑两居室的基础上加建了浴缸区，让空间更具层次感。同时为了改善老宅采光，设计师采用玻璃幕墙，阳光可以毫无阻碍地投射到房间中。而后院在原建筑两居室的基础上将餐厅和客厅结合，设计极具仪式感，开放式客厅、采用热带植物和干花拼接而成的餐厅吊灯、鹿雕塑、淡绿墙面、鹦鹉等壁画装饰也契合了森林主题（图5-25）。

公共餐厅区域配有独立厨房，餐厅的七彩天窗则寓意海南多个少数民族五彩斑斓的美好生活。由于原老宅窗户较小采光较差，设计师将后院卧室局部改造成了落地窗，从而提升入住体验感。

图5-25　文昌　鹿饮溪民宿3（图片来源：A+设计师联盟）

（四）项目总结

正是基于保护古建筑的始点，鹿饮溪民宿如今成为焕发新生的乡野美宿。民宿的发展也为古建筑的保护提供了一种可借鉴的方式，真正意义上做到古迹活化。以民宿保护古建筑并传承古建筑文化，这种有意或无意的行为正在兴起。与传统古建筑相同，民宿包含着民宿主的情怀与感情寄托，代表着一个地方的文化与风俗。让现代与传统有了直接沟通体验，让古建筑走进公众生活，这或将重新谱写历史建筑的生命乐章。

第四节　三亚地区民宿案例分析

一、宿约107美宿

（一）项目概况

宿约107美宿位于三亚市"亚龙湾"所在地博后村，周边配套设施完善，景点丰富，如亚龙湾壹号小镇奥特莱斯、亚龙湾国际玫瑰谷、三亚热带森林公园等，距离市中心约10千米（图5-26）。为方便顾客出行，民宿提供免费专车接送服务。在2019年宿约107美宿被评为"金宿"，也是海南省三亚唯一的"金宿"级乡村民宿。

图5-26　三亚　宿约107美宿1（图片来源：作者自拍）

（二）设计规划

宿约107美宿坐落于亚龙湾，位于地处黄金地段的博后村，背靠亚龙湾国际旅游区，毗邻亚龙湾玫瑰谷景区。作为三亚美丽乡村的示范点，博后村为民宿的成长发展提供了良好的条件，宿约采取"民居改造"的方式，通过半年的升级改造，从杂草荒芜的落败宅院摇身一变成为一栋拥有36间客房的法式轻奢民宿。清新浪漫的纯白设计风格，简约精致的ins风家具，吸引年轻人到此打卡。民宿周围三面椰林环抱，风景如画，村中宁静安逸。该民宿将巴厘岛建筑与海南黎族船型屋传统民居相结合，既有异域风情又保留了当地的民族特色。因所在区域位置为黎族村落，为凸显当地人文景观，其中三间客房为黎族原始茅屋风格，设计团队改良了海南当地黎族传统的船型房，用钢架做骨，上面覆盖一束束扎成排的茅草。为与民宿整体色调统一为白色，墙体采用玻璃，使建筑整体更加通透。民宿园区以现在最潮流的网红ins风格为主，白色为基础色调，辅以低饱和的配色，再加上恰到好处的绿植点缀，散发出简单自由的法式浪漫气息。从高处的黎族风格草屋，到阶梯式错落的蓝色泳池，然后是热带风情的草屋吧台，摇曳的帝王蕉和鹤望兰点缀其间，处处洋溢着热带风情。泳池周边的灰色条石不仅具有装饰和贴近自然的作用，在大雨过后也有利于雨水的疏通，以减少地面上的雨水残留。

（三）室内设计

宿约107民宿共有36间客房，其中有三间客房由当地的传统黎族建筑"船型屋"改造。民宿大堂整体为白色，并饰以极具轻奢风格的家具，使整个空间简约而具有特色。船型屋的客房大多为法式田园风格，在客房的顶面装饰、细节装饰、软装都能体现出来，在客房的屋顶悬挂着植物、藤编家具、花卉绿植和各种花色的优雅布艺以及干燥花等，让整体空间看起来温暖又温馨。其他的客房则主要为ins风格，具有明亮自然的特点，部分客房中会辅以金属装饰和法式古典家具，十分符合时下年轻人的审美。不管在大堂、客房还是室外，都是拍照的好地方（图5-27）。

图5-27　三亚　宿约107美宿2（图片来源：民宿老板供图）

（四）项目总结

宿约107民宿的整体风格正是现在的年轻一代所喜欢的，但对民宿进行改造的同时并没有将海南当地的黎族元素摒弃，而是进行了保留和创新，这是值得借鉴学习的。

二、西岛耕读者民宿

（一）项目概况

三亚西岛耕读者民宿，位于海南省三亚市天涯区西岛渔村（图5-28）。三亚西岛全称西瑁洲岛，是海南省沿海的第二大岛屿，距三亚市区约为15千米，这里还曾被评为"最美渔村"。西岛耕读者民宿在2018中国（海南）美丽乡村发展大会上，获评海南省民宿创建示范点；又在2018博鳌国际民宿产业发展论坛暨产业资源链接博览会上获评"海南十佳民宿"，在由市场周刊发起的"寻味2019"海南三亚特色民宿网络评选活动中荣获冠军，并被授予"特别推荐商家"荣誉称号。

图5-28　三亚　西岛耕读者民宿1（图片来源：西岛）

（二）设计规划

西岛耕读者民宿依托三亚西岛渔村独特的地理位置、四百余年的渔村历史文化和珊瑚石老屋等资源，借力西岛海洋文化旅游区，共享西岛旅游发展的红利。注重海岛特色文创开发，现有喜屋民宿、高屋民宿共两栋珊瑚石民宿，规划将多栋珊瑚老屋以及废弃渔船改造为特色民宿，目前主要有海上书屋、百年珊瑚石屋——高屋和喜屋等。依托三亚西岛旅游度假区、珊瑚石民居、滨海渔村等资源，打造滨海渔村主题民宿。喜屋民宿因老屋阁楼木栏上雕有"喜"字而得名。进行创意化改造后，喜屋的客房、厨房、客厅、庭院、阁楼书房等都独具特色。高屋因屋体较"高"而得名，古朴的珊瑚石老屋和现代化创意融合后，仍然同样别具一格。游客在这里可以感受到独特的渔家历史。

（三）室内设计

西岛耕读者民宿的海上书屋由三艘废弃渔船创意改造而成，船里船外充盈着海的元素，满船都是书，四周都是海，它被安静包围着，随潮水轻缓摇曳。船内的空间分别设计了阅读区和休息区，船屋民宿充满了渔文化的特色，运用编织结构、木质结构，将整个房间都放进了渔船里。高屋、喜屋是利用当地百年老屋创意改造的，喜屋因老屋有"喜"字而得名。耕读者民宿在创意改造时仍然保留了原本的旧珊瑚石墙面和客厅的老船木家具，同时又将原本作为阁楼的功能区改为阅读室，配以实木书架和天窗，既保证了采光，又最大程度上避免破坏原有格局。喜屋民宿内设有客房、厨房、客厅、庭院、阁楼书房，客厅内的家具为中式风格家具，屋顶与海南本地传统民居"船型屋"十分相似，均为"金"字形天花板。高屋是两层结构，因此得名"高屋"，站在二楼的窗口时可以看到海面，高屋秉承着修旧如旧的原则，在保留原本陈设的同时又融入了现代化创意，内设有厨房、客厅、庭院（图5-29）。

图5-29 三亚 西岛耕读者民宿2（图片来源：西岛）

（四）项目总结

西岛耕读者民宿在改造时最大限度地保留了老屋原貌，同时在细节上又考虑到了它入住的舒适度，万年的珊瑚、百年的老屋、融入了耕海与乡土的创意，在建设的过程中并未将岛上的植物进行砍伐而是在其基础上进行建设，并且将岛上的一些材料进行二次创造，这些都是值得学习借鉴的。

三、中寥村民宿

（一）项目概况

中寥村位于海南省三亚市吉阳区，毗邻三亚至保亭黎族自治县必经之路——G224国道。中寥村至保亭方向分别有海南槟榔谷黎苗文化旅游区、海南呀诺达雨林文化旅游区，距离亚龙湾十余千米，处于大三亚旅游经济圈中较为核心的区域，客流量大且村内服务设施较为完善，于2016年获得"中国休闲乡村"以及"第二批中国少数民族特色村寨"的称号（图5-30）。

图5-30　三亚　中寥村民宿1（图片来源：作者自拍）

（二）设计规划

中寥村的整体旅游项目设计规划较为完善，在经过入口处的村委会后，沿着主路两旁分布的是村民经营的餐饮服务空间和部分黎族传统文化展示空间，这一区域是客流量最大的地方，属于中寥村的"户外空间"，用于接待旅客并提供一系列旅游服务。以村中的大榕树广场为分割点，分别有通往水稻田和"半户外空间"的两条道路。中寥村中老一辈黎族村民多延续原始的耕种习惯，隐居在村路较深的"私密区域"，他们的子女则一部分外出务工，另一部分选择在村中经营旅游业，守护家乡的这片热土。通往"半户外空间"的道路两侧有着由当地黎族居民住宅改造的民宿，其外观样式并没有统一标准，体量较大的民宿建筑有"传统黎家""东篱院""悠然居"等。以"传统黎家"为例，其民宿空间的黎族传统文化继承不仅仅局限于室内设计，更是在其民居形式、建筑分布和院落格局上均有体现。黎族传统民居建筑在近现代与汉族住宅文化交融后，逐渐将主入口开设至檐墙上，如此一来横向延展面积更大了，相较于原始纵向格局狭长的使用空间更为合理，且此类民居建筑都会延续檐墙屋顶出檐一段距离的住宅风格，屋檐形成的遮阳空间避免阳光直射屋内且不影响自然采光。由此看来，"传统黎家"民宿的建筑虽然是以砖瓦结构营造而成，其建筑形式仍在一定程度上继承了黎族传统住宅文化。此外，黎族传统民居因其室内空间并不充裕，在砖砌灶台取代原始"三石灶"后，厨房和卫生间均作为配属建筑安置在主建筑一侧，同时围合的还有木材的储藏间，整体格局呈"凹"字。"传统黎家"民宿高度还原了这一黎族住宅格局习惯，由原始的砖瓦房修缮翻新后以真实格局经营民宿住宅，围合的院落中用热带植物、黎族陶罐进行装饰，使游客在还未进入室内空间时就已经能够感受到黎族独特的文化氛围。

（三）室内设计

"传统黎家"民宿的室内空间设计同样具有浓厚的黎族传统文化氛围，接待前台采用了立面上铺贴石板的装饰手法，结合天花大面积的竹条排列，以天然材料去中和墙体白色乳胶漆的疏离感。入口处部分墙面用椰壳排列进行装饰，更能增添南国风光（图5-31）。作为民宿室内空间的主要区域，卧室的设计是重要环节之一。"传统黎家"的卧室设计思路从顶面装饰、细节装饰、软装配饰三个方面体现。因建筑屋顶的"金"字形使得室内天花板呈三角状，表面装饰有"井"字排列粗细不一的木条，这与黎族船型屋室内空间裸露的屋顶结构有异曲同工之妙，且船型屋室内的屋顶结构常被用于悬挂器具，"传统黎家"民宿卧室的屋顶木条也用于悬挂吊灯，二者在这方面产生了相同的对空间功能的延伸性思考。室内的窗户在外立面进行了黎族传统纹样装饰，采用的是防腐木造型和简化后的几何纹，既丰富了民宿建筑的外观形象，也使在从室内看向外部环境时能在视觉逻辑上形成黎族传统文化的偏移，服务于室内整体地域文化环境营造。"传统黎家"室内软装陈设设计同样也颇具地域特色，如床垫、靠枕均以黎锦经纬编织的形式制作布艺外包，表面用镜像或是二方连续的形式装饰有鹿回头纹、人纹、甘工鸟纹等黎族传统纹样，米黄色的底色与整体色调协调，红色的纺织纹样与空间内深色木材相呼应，加之藤编家具的点缀更加拉近了室内空间的原始性和环境融合性。

图5-31 三亚 中寮村民宿2（图片来源：作者自拍）

（四）项目总结

中寮村"传统黎家"民宿值得借鉴的是，其从室外空间至室内空间均作了不同程度的传承和创新，以特色民宿带动旅游，达到有效引流的最终目的。加之中寮村具备得天独厚的区位优势，使之在近年来逐步以黎族美丽乡村及黎族传统民宿为游览观光核心接待大批国内外游客。该项目中对民宿公共空间的设计独具匠心，如接待台对椰子、竹子等天然材料的运用。室内空间顶部的造型设计有一定的参考意义，尤其是将部分灯具悬挂的思路。此外，部分软装配色以及窗户外装饰的纹样运用巧妙，如果能更有针对性地将纹样内涵加以解读并运用，那么就能使得软装配饰和建筑装饰视觉语言更加丰富和饱满。

第五节　昌江黎族地区民宿案例分析

一、昌江浪悦黎奢民宿

（一）项目概况

"浪悦黎奢"民宿坐落于海南省昌江黎族自治县王下乡大炎村委会浪论自然村51号（图5-32）。王下乡地处霸王岭，群山环绕，这里曾是黎族先民创造文化的摇篮，也是人与自然和谐相处的范例。民宿就在村子里的小河边上，

图5-32　昌江　浪悦黎奢民宿1（图片来源：作者自拍）

"深山藏王下，黎花三里寻"，仿制黎族传统船型屋造型，背靠青山，竹林环绕，营造出一种悠闲自在、质朴本真的黎乡田园氛围。

（二）设计规划

2019年初，"黎花里"文旅项目落地王下乡，重点打造了三派村、洪水村、浪论村三个原生态村落，绝美秘境再添桃源盛景。浪悦黎奢民宿位于国家森林公园霸王岭生态自然保护区内，也是中国第一黎乡——黎花里的黎花三里。该民宿以黎族茅草屋为设计理念，将古老的民族文化与现代科技巧妙地融合，同时与该村文化定位"酒里歌里"相呼应。在临近民宿的地方，还开发修筑了沿河栈道及摸螺池，提升游客的旅游体验感。建成后的"浪悦黎奢"民宿，一共有13间风格各异的房间，主体结构采用了胶合木装配式体系。从外形设计到室内装修，从建筑用材到家具装饰，无一不展现了传统黎族文化风貌，古朴自然，给人带来乐活自然之感。

（三）室内设计

民宿的接待前台设置在民居中，院落的布局不是传统的黎族船型屋，更像是黎族传统建筑风格与汉族建筑风格交融的产物，改变了黎族传统建筑的纵深式的布局，门旁开窗。庭院中葳蕤的草木，生机勃勃地随风摆动，似在对远道而来的来客打招呼。民宿中最具特色的要数联排客房，客房设置在花园中，每间客房都有一条石子路连接着主路，路两旁植物种植错落有致，都是海南本地的植物。客房经过精心设计，保留了船型屋的特色，茅草屋顶搭配木制框架，墙面刷成土黄色，从外观方面增强游客的文化认同感。房门上方以深色木板雕刻浅色黎族图腾纹样，对比强烈，强化主题氛围。河景房一共有3间，其中一间阳台有三面大落地窗，视野开阔。因"金"字造型的建筑屋顶产生的倾斜角度，室内的天花板并未吊顶，使得客房能保留原汁原味的黎族特色，同时凸起的房顶又能在视觉上拉升层高，让空间更为立体。另外两间阳台的落地玻璃是由纯玻璃拼接搭建的，最适合拍照打卡。无论是桌布、抱枕等软装，还是黎陶饰品，无不包含大力神图案、黎锦上的花纹等黎族元素，文化氛围感浓厚（图5-33）。

图5-33　昌江　浪悦黎奢民宿2
（图片来源：作者自拍）

（四）项目总结

浪悦黎奢民宿使用绿色环保的原木材料建造而成，使房屋更自然地融入王下乡的绿水青山环境。民宿对环境的营造十分值得肯定，发展民宿的目的是振兴乡村经济，以特色民宿带动旅游业的发展，一个有着优美环境的民宿对游客而言无疑是极具吸引力的。浪悦黎奢民宿对传统黎族船型屋的再设计符合特色地域文化的发展趋势。

二、时光里民宿

（一）项目概况

黎奢时光里民宿坐落于昌江王下乡黎花二里的洪水村，洪水村是海南黎族船型茅草屋保存最完整的村落，背靠青山，面朝稻田。300年前洪水村每逢下雨都会淹水，后来村民搬迁至上游，最原始的茅草屋被遗留下来。2019年开始设计策划，在原来茅草屋的基础上进行修缮作为民宿，游客可以入住体验。始终坚持着在开发中保护、保护中开发的原则，保护生态，就地取材，规划空间。2021年，民宿还引进了国内先进的声光电技术，打造了沉浸式古村落夜游项目，其中包含怀旧时光、锦绣时光、四季时光、恋爱时光四个文化展馆。古老黎族文化与现代科技的碰撞，呈现了一场视觉盛宴（图5-34）。

图5-34　昌江　时光里民宿1（图片来源：作者自拍）

（二）民宿设计

民宿是结合当地传承几千年的黎族特色传统文化、乡土乡情以及黎族茅草屋等元素改造设计而成，自有一种悠然、超脱、古朴的宁静美。客房外形是典型的船型屋造型，由于个别客房为高栏式船型屋，特意做了功能上的优化，门前加装了栏杆，防止有意外发生。

原始的船型屋里面没有窗户，只有入口位置有光线透进来，屋内最里面的地方是黎族人的杂用间，为了更符合现代人的居住习惯，民宿将其改造成飘窗，使用大面积的窗户增加室内的采光面的同时又强化了屋内的视野。室内的空间分布遵循黎族传统，靠近飘窗的位置摆放床具，客厅位于入门处。由于船型屋特殊的建筑结构，屋顶常用于悬挂器物，民宿的吊灯也悬挂于屋顶上，二者有异曲同工之妙。室内家具选择了实木作为主要材质，使房间整体风格更为自然。软装配饰自然离不开黎族元素，无论是床旗、靠枕还是地垫，通通使用最具代表性的黎族纹饰来装饰，黎族氛围感十足（图5-35）。

图5-35　昌江　时光里民宿2（图片来源：作者自拍）

（三）项目总结

作为王下乡黎花三里之一的洪水村，自身的黎族元素和其他两个村子并无差别，一味地模仿只会泯然众人矣。好在洪水村以旧民居为出发点，通过改造优化打造出和其他村子风格各异的特色民宿。深厚的民俗氛围是其本质特色，国内领先的声光表演则是另一个亮点，文化与科技的交融，让传统地域文化焕发了新生。

第六节　陵水黎族地区民宿案例分析

一、大里黎家民栈

（一）项目概况

大里黎家民栈位于海南省陵水黎族自治县本号镇北部山区的大里乡，大里乡距离陵水县城35千米，由什坡和小妹两个村委会组成，是全国少见的袖珍乡。这里是世界上极为珍稀的原始热带雨林区之一，森林覆盖率96.26%，环境优美。民宿就设在村口位置。

（二）民宿设计

大里的黎族同胞们保留着古老而完整的黎族风俗，拥有着天然淳朴的风情，朴素而热烈，积极而悠然。刚进村就能看到民宿的位置，茅草屋顶，涂成黄色的墙壁，窗户上对称的黎族纹饰，无不在向游客表明这就是黎族特色的建筑。黎族船型屋房外的屋檐下常用来悬挂器物，民宿将这一习俗传承下来，将黎锦置放在屋檐下，增强文化氛围。民宿的客房分为两部分，一部分是在民宿内部，房间整体色调为黄色，和建筑外墙呼应，家具全是由竹材料制成，符合当地生活习惯。另一部分安排在槟榔园里，金字形船型屋是黎族传统住房，民宿并未对客房的材质进行变更，每一栋房子都是采用槟榔、竹子和树叶搭建而成，原汁原味地将船型屋展示给游客（图5-36）。

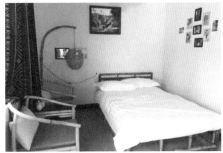

图5-36　陵水　大里黎家民栈2（图片来源：微信公众号　陵水发布）

（三）项目总结

大里黎家民栈是目前省内黎族特色民宿中对黎族传统建筑还原的最彻底的一家民宿。一方面得益于建筑本身的特色，游客乐于体验最传统的建筑，另一方面，黎族同胞们热情好客的性格也是让游客流连忘返的兴致所在，民宿的人文特征对游客至关重要。

二、疍家故事民宿

（一）项目概况

疍家故事民宿位于海南省陵水黎族自治县英州镇清水湾——赤岭风景区内。这里靠海临山，海景一览无余，周边交通便捷。"疍家故事"民宿，以陵水当地世代居住于海上的疍家文化为依托，打造出以船屋为造型的民宿。开业几年来，逐渐形成集餐饮、民宿、展览、娱乐、养生、旅游为一体的连锁性综合旅游目的地。疍家故事民宿于2019年11月荣获省级金宿评定，以独特的产品视角带给客人不一样的入住体验。先后获评海南省三椰级乡村旅游点、全国旅游标准化试点企业等多项殊荣。吸引了不少游客，成为海南有名的网红打卡地（图5-37）。

图5-37　陵水　疍家故事民宿1（图片来源：作者自拍）

（二）设计规划

整个民宿是由一个个单体木船为主体构成的，有弧顶和尖顶两种，造型十分别致，有着浓浓的疍家文化风情，是伫立在海岸线上的一道独特靓丽的风景线。为了更好地讲述"疍家故事"，除了从当地征集多种疍家老物件，展陈在疍家故事民俗馆以外，船屋民宿的室内外设计也惟妙惟肖地还原了许多疍家人的生活场景（图5-38）。同时疍家民宿还与帆船游艇公司、三亚海棠湾免税店合作，在这里，游客可以乘船直达免税店购物，最大限度地给客人提供便利。

图 5-38　陵水　疍家故事民宿 2（图片来源：作者自拍）

民宿的客房数量不多，只有 14 间，但每间都各具特色。房型有著名的船屋、精致的 LOFT、疍家号大套房等，风格为疍家渔民风加北欧风，简洁舒适。客房内随处可见原木元素，既符合民宿的海岛风情，也有防蚊防腐的作用。

（三）室内设计

疍家故事民宿的室内空间设计具有浓厚的疍家文化氛围。船屋星空海景大床房从疍家人的海船汲取灵感，以北美红雪松为主要材料。天窗的设计犹如锦上添花，使空间得到视觉上的延展，赋予这个空间新的闪光点，借此领略星光带来的视觉乐趣。高脚屋网红海景房内粉紫色与墨绿色的碰撞既显活泼，又有生机，将整个空间装填得时尚又有趣。客房的楼体采用的是黎族人最具特色的建筑形式——高脚楼，颇显民族风情。双标海景船屋拥有更大的观海视野，更宽的空间，蓝灰色的墙壁，蓝灰色的沙发，与大海遥相呼应，彰显生活的惬意，给疲惫的旅客带来慵懒的舒适感。客房的露台设计成了甲板模式，白天可以沐浴着日光，泡着温泉，将无敌海景尽收眼底，晚上还能浏览整片璀璨星空和绝美船屋夜景（图 5-39）。

（四）项目总结

民宿依托疍家人的传统居住习惯，以船屋为着眼点，充分挖掘了疍家文化的内涵。丰富的房型满足不同游客的使用需求，是游客观光休闲的好去处。陵

图5-39　陵水　疍家故事民宿3（图片来源：作者自拍）

水的自然风光和疍家故事深深吸引着人们，船屋民宿为陵水的全域旅游发展贡献力量，以疍家文化为核心驱动力，为游客呈现出了不一样的海南风情。

参考文献

[1] 文京,文明英.中国黎族[M].银川:宁夏人民出版社,2012.

[2] 李天元.目的地旅游产品中的好客精神及其培育[J].华侨大学学报,2016(4):23.

[3] 王宁.旅游中的互动本真性:好客旅游研究[J].广西民族大学学报,2017(11):36.

[4] 范欧莉.顾客感知视角下民宿评价模型构建——基于扎根理论研究方法[J].江苏商论,2011(10):37.

[5] 张培,喇明清.游客选择乡村民宿的意愿倾向及其营销启示[J].西南民族大学学报(人文社科版),2017(11):132.

[6] 钟艺晴,柯佑鹏.海南省发展乡村民宿优劣势评析[J].中国市场,2017(17):326.

[7] 黄颖瑜,陈秋华.创新视角下的乡村民宿经营管理研究——以高峰村为例[J].海峡科学,2017(5):51.

[8] 黄丽.发展民宿经济打造海口乡村旅游升级版[J].现代商业,2017(10):46.

[9] 乐盈.乡村旅游中民宿发展状况与对策研究[J].新丝路(下旬),2016(11):31.

[10] 向柳如.贵州少数民族村寨民宿旅游吸引力探究[J].旅游纵览(下半月),2016(11):62.

[11] 范丽娟.日本乡村民宿旅游特色经营对中国民宿发展的启示[J].河南机电高等专科学校学报,2016(6):23.

[12] 翟健,王竹.精品乡村民宿的生态系统营建研究 [J].建筑与文化,2016(8):77.

[13] 蒋秀芳,周刚,陈才.台湾民宿发展关键成功因素及其对海南的启示 [J].台湾农业探索,2016(3): 6.

[14] 郭莹莹.乡村民宿业发展新态势与政府行为分析研究 [J].中外企业家,2016(19): 198.

[15] 赵锐.基于游客体验的旅游品牌构建策略研究 [J].旅游纵览(下半月),2015(11): 41.

[16] 苏雅婷,马元柱.中国家庭旅馆研究进展及展望 [J].云南地理环境研究,2013(52): 28.

[17] 杨柳.建筑气候学 [M].北京:建筑工业出版社,2010.

[18] 陈志永,吴亚平.乡村旅游地家庭旅馆同质化经营的形成机制与化解对策 [J].经济问题探索,2011(7): 78.

[19] 胡敏.乡村民宿经营管理核心资源分析 [J].旅游学刊,2017(9): 64.

[20] 王婉霏,刘河.中国乡村民宿发展及对策 [J].乡村旅游研究,2015(2): 7.

| 后 记 |

黎族传统文化历史悠久，黎族传统民居建筑作为其文化重要组成部分之一，彰显出原始社会人们从事农业劳作、手工艺活动等的生活习性。他们需要不断地改进自身住宅条件，以适应热带地区及沿海区域诡谲多变的气候环境，最终在具有环境适应性的前提下完成了自身住宅建筑的演变与生成。黎族传统文化同样是海南本土文化，三千多年人文历史沉淀通过民居文化加以呈现。海南黎族船型屋营造技艺于 2008 年被列入第二批国家级非物质文化遗产名录，承载着黎族独特的历史记忆。然而当下城市化进程速度不断加快，扶贫工作的稳步推进，众多黎族村民的生活质量的提高是以传统民居建筑的覆灭为代价的，这种情况的普遍产生在某种程度上是对我国少数民族文化多样性的破坏，也违背了人类文明发展的自然规律，同时与我国文化自信理念背道而驰。笔者基于对民宿概念的分析和考量，从设计学专业角度出发，以黎族传统民居形式及其他传统文化为灵感来源，探索其在民宿设计中的有机运用，一方面传承了海南黎族地域文化，另一方面以创新设计研究丰富了民宿建筑的形式，为当下民宿建筑普遍遇到的桎梏提供理论参考。

党的十九大提出实施乡村振兴战略，明确要结合当地的旅游资源，因地制宜地发展乡村旅游，实现乡村振兴。乡村民宿作为乡村旅游居住的重要资源，不仅可以帮助乡村留住客源实现旅游目的，还能通过生活起居的体验感来彰显当地旅游文化的独特面貌。海南黎族世世代代繁衍生息在海南岛上，是岛上的世居民族。受气候地理条件与社会经济水平等因素影响，在漫长的民族历史发展过程中，黎族先民不断优化生存环境，最终创造出极具特色的民居建筑及村落环境。风格独特的黎族村落是发展乡村旅游的好地方，同时也是乡村旅游民宿产业开发的优质土壤。发展旅游离不开文化元素，旅游业的重头戏就是文化旅游。

在海南国际自贸港的国家战略部署下，海南省大力推动国际旅游岛、国际设计岛的全面建设。目前海南旅游酒店大多是星级酒店，缺乏本土文化特色，而黎族乡村旅游因其极高的辨识度而成为推广海南地域文化的最佳范式。所以，立足于海南黎族传统村落、民居建筑、民俗文化的传承保护和借鉴，汲取地域文化元素、空间布局形式、建筑构造原理和综合环境发展规律等为海南建设带有鲜明地域特色的乡村民宿具有重要的价值。